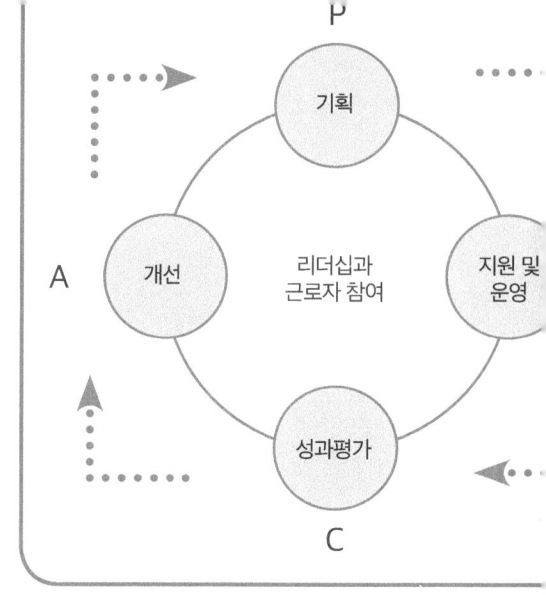

중대재해 대비
중소기업 ISO 경영시스템 담당자를 위한 안전보건경영시스템 길라잡이

안전보건경영시스템
구축 실무 GUIDE

저자 | 송형록 · 김상일 · 서재석 · 조아영

표준화, 전문화를 통하여
ISO 경영시스템 구축을 위한
ISO 담당자, 컨설턴트, 심사원을 위한 책

머리말

1. 누구에게 필요한가?

1) ISO 안전보건경영시스템을 도입하고자 하는 중소기업
2) 중소기업 ISO 안전보건경영시스템 실무 책임자 및 담당자
3) 중소기업 ISO 안전보건경영시스템 관련 컨설턴트
4) ISO 안전보건경영시스템 인증심사원

2. 어떤 것을 알려주는가?

1) ISO 안전보건경영시스템 인증을 획득하고자 하는 중소기업이 무엇을 준비해야 하는지 알려준다.
2) ISO 안전보건경영시스템을 도입하고자 하는 기업의 담당자가 무엇을 준비하고 점검해야 하는지 알려준다.
3) ISO 안전보건경영시스템에 대한 컨설팅을 하는 컨설턴트가 무엇을 컨설팅해야 하는지 알려준다.
4) ISO 안전보건경영시스템 인증심사원이 규격의 조항별로 무엇을 확인해야 하는지 알려준다.

3. 책의 구성은 어떻게 되어 있나?

제1장 ISO 안전보건경영시스템의 규격 요구사항 해설
제2장 ISO 안전보건경영시스템 구축실무
[참고] ISO 경영시스템 인증 프로세스

4. 특징

1) 조항별 요구사항 취지의 간결한 설명으로 ISO 안전보건경영시스템의 쉬운 접근 가능
2) 조항별 주요 체크포인트 제공으로 자체 점검 가능
3) 조항별 증빙자료 제시로 쉬운 준비 가능
4) 실무에 바로 사용할 수 있는 매뉴얼, 절차서, 문서 양식 제공으로 편리한 ISO 안전보건경영시스템 구축

· ISO 안전보건경영시스템 매뉴얼
· ISO 안전보건경영시스템 절차서
· ISO 안전보건경영시스템 관련 문서 양식

이 책이 산업현장에서 ISO 실무를 담당하는 분, ISO 컨설팅을 하는 컨설턴트, ISO 인증심사원에게 작은 디딤돌이 되었으면 하는 바람입니다. 부족한 부분은 계속 수정하고 보완할 것을 약속합니다. 끝으로 이 책이 나오기까지 물심양면으로 성원해 주신 여러 위원님 및 동료분들께 감사드리며, 보다 좋은 책이 되도록 지원해 주신 도서출판 정일 임직원께 감사를 드립니다.

차례

제1장 안전보건경영시스템 요구사항 해설 ·········7

제2장 안전보건경영시스템 구축 실무 ············ 87

제1장

안전보건경영 시스템 요구사항 해설
(KS Q ISO 45001:2018:)

머리말
0. 개요
1. 적용범위
2. 인용표준
3. 용어와 정의
4. 조직 상황
5. 리더십과 근로자의 참여
6. 기획
7. 지원
8. 운용
9. 성과평가
10. 개선

머리말

ISO(국제표준화기구)는 국가별 국가표준화기관(ISO 회원기관)의 연합체이다. 표준 제정 작업은 일반적으로 ISO 기술위원회(technical committee)에서 담당한다.
국가별 기술위원회가 다루는 주제에 관심있는 각 국가회원기관은 기술위원회에 대해 그 나라를 대표할 권리를 갖는다. ISO와 연계하여 정부 및 비정부 국제조직 또한 그 작업에 참여한다. ISO는 전기기술표준과 관련된 모든 작업에 대하여는 IEC(국제전기기술위원회)와 긴밀히 협력한다.

이 표준을 개발하고 향후 표준의 유지관리를 위해 사용된 절차는 ISO/IEC Directives - Part 1에 기술되어 있다. 특히 ISO 표준의 형식별로 요구되는 승인기준이 다르다는 것에 유의하여야 할 것이다. 이 표준은 ISO/IEC Directives - Part 2에 정해진 작성 원칙에 따라 작성된 것이다(www.iso.org/ directives 참조).

이 표준의 일부 내용은 특허권의 대상이 될 가능성이 있으므로 유의해야 한다. ISO는 그러한 특허권의 일부 또는 전부를 파악해야 하는 책임을 지지 않는다. 이 표준의 개발 과정에서 파악된 특허권에 대한 세부사항은 개요 부분 또는 ISO 보유 특허권 목록(www.iso.org/patents 참조)에 표기될 것이다. 이 표준에서 사용된 상표는 사용자의 편의를 위해 제공되는 정보이며, 이의 사용을 공인하는 것은 아니다.

ISO의 특정 용어와 적합성평가와 관련한 표현의 의미에 대한 설명뿐만 아니라 ISO가 기술적 무역장벽(TBT)에 대한세계무역기구(WTO) 원칙을 준수하는 것에 대한 정보는 다음 URL www.iso.org/iso/foreword.html을 참조할 수 있다.

이 표준은 안전보건경영시스템 프로젝트위원회 ISO/PC 283에 의해 채택한 것이다.

0. 개요

0.1 배경

조직은 근로자 및 조직의 활동에 의해 영향을 받을 수 있는 모든 사람들의 안전보건에 대한 책임이 있다. 이 책임에는 신체적 및 정신적 건강의 증진 및 보호가 포함된다.
안전보건(OH&S) 경영시스템의 채택은 안전하고 건강한 작업장의 제공, 작업-관련 상해 및 건강상 재해 예방 및 조직의 OH&S 성과를 개선시킬 수 있도록 의도한 것이다.

0.2 OH&S 경영시스템의 목표

OH&S 경영시스템의 목적은 OH&S 리스크를 관리하기 위한 틀을 제공하는 것이다. OH&S 경영시스템의 의도된 결과는 근로자의 상해 또는 건강상 재해를 예방하고 안전하고 건강한 작업장을 제공하는 것이다. 결과적으로 효과적인 예방 및 보호 조치를 취함으로써 OH&S 리스크를 제거하거나 최소화하는 것이 조직에게 매우 중요하다.
이러한 조치가 OH&S 경영시스템을 통해 조직에 적용되면 OH&S 성과가 개선된다. OH&S

성과 개선을 위한 기회를 다루기 위해 조기에 조치를 취하는 것이 더 효과적이고 효율적일 수 있다.

이 표준에 적합하게 OH&S 경영시스템을 실행하면 조직에서 OH&S 리스크를 관리하고 OH&S 성과를 향상시킬 수 있다. OH&S 경영시스템은 조직이 법적 요구사항 및 기타 요구사항을 충족하도록 지원할 수 있다.

0.3 성공 요인

OH&S 경영시스템의 실행은 조직을 위한 전략적 및 운용적 결정이다. OH&S 경영시스템의 성공은 조직의 모든 계층 및 기능에서 리더십, 의지 표명 및 참여에 달려있다.
OH&S 경영시스템의 실행과 지속성, 효과성 및 의도된 결과를 달성할 수 있는 능력은 다음 사항을 포함할 수 있는 몇 가지 주요 요소에 달려있다.

a) 최고경영자의 리더십, 의지, 책임 및 책무
b) OH&S 경영시스템의 의도된 결과를 지원하는 조직의 문화를 개발, 선도 및 증진하는 최고경영자
c) 의사소통
d) 근로자가 존재하는 경우 근로자 대표의 협의와 참여
e) 시스템을 유지하기 위해 필요한 자원의 배분
f) 조직의 전반적인 전략적 목표 및 방향에 적합한 OH&S 방침
g) 유해·위험요인을 파악, OH&S 리스크를 관리하며, OH&S 기회를 이용하는 효과적인 프로세스
h) OH&S 성과를 개선하기 위한 OH&S 경영시스템의 지속적인 성과평가 및 모니터링
i) OH&S 경영시스템이 조직의 비즈니스 프로세스와 통합
j) OH&S 방침과 일관성 있고, 조직의 유해·위험요인, OH&S 리스크 및 OH&S 기회를 반영한 OH&S 목표
k) 법적 요구사항 및 기타 요구사항 준수

이 표준의 성공적인 실행의 실증은 효과적인 OH&S 경영시스템이 갖추어져 있음을 근로자 및 다른 이해관계자들에게 보증하기 위해 조직에 의해 활용할 수 있는 것이다. 그러나 이 표준의 채택은 근로자의 작업-관련 상해 및 건강상 재해의 최적 예방과 안전하고 건강한 작업장 및 개선된 OH&S 성과를 보장하지는 않는다.

세부 수준, 복잡성, 문서화된 정보의 정도 및 조직의 OH&S 경영시스템의 성공을 보장하는 데 필요한 자원은 다음과 같은 여러 요소에 따라 달라질 수 있다.

- 조직의 상황(예: 근로자 수, 규모, 지리, 문화, 법적 요구사항 및 기타 요구사항)
- 조직의 OH&S 경영시스템의 적용 범위
- 조직 활동의 성격 및 관련된 OH&S 리스크

0.4 계획-실행-검토-조치 사이클

이 표준에 적용된 OH&S 경영시스템 접근법은 계획-실행-검토-조치(PDCA)의 개념에 기초하고 있다. PDCA 개념은 조직에서 지속적 개선을 달성하기 위해 활용되는 반복적인 프로세스이다. 다음과 같이 경영시스템과 각 개별 요소에 적용할 수 있다.

a) 계획 : OH&S 리스크, OH&S 기회 및 다른 리스크와 기회를 결정 및 평가하고, 조직의 OH&S 방침과 일치하는 결과를 만들어 내는 데 필요한 OH&S 목표 및 프로세스를 수립
b) 실행 : 계획된 대로 프로세스를 실행
c) 검토 : OH&S 방침 및 목표와 관련한 활동 및 프로세스를 모니터링 및 측정, 그 결과를 보고
d) 조치 : 의도된 결과를 달성하기 위해 OH&S 성과를 지속적으로 개선하기 위한 조치를 취함

이 표준은 [그림 1]과 같이 PDCA 개념을 새로운 틀에 통합한다

비고 괄호 안의 숫자는 이 표준의 조항 번호를 나타낸다.

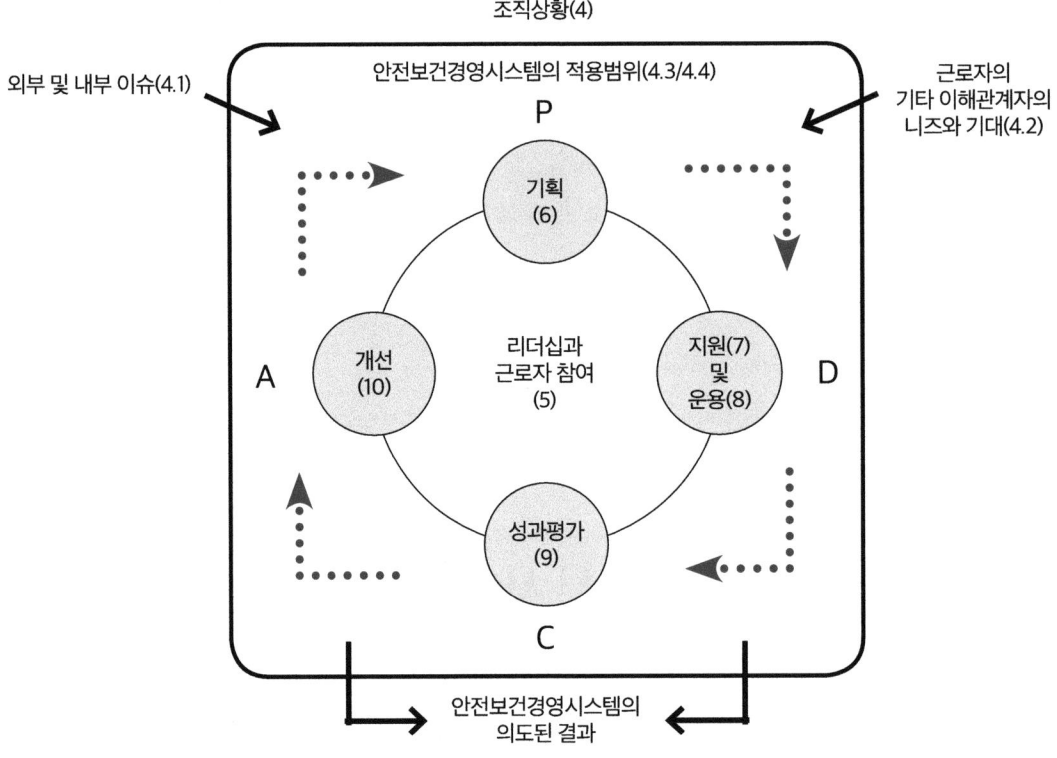

[그림 1] PDCA와 이 표준의 틀 간의 관계

0.5 이 표준의 내용

이 표준은 경영시스템표준에 대한 ISO 요구사항을 준수한다. 이 요구사항에는 여러 ISO 경영시스템 표준을 실행하는 사용자에게 도움이 되도록 설계한 상위 문서 구조(HLS), 동일한 핵심 문구 및 핵심 정의와 함께 공통 용어를 포함한다.

이 표준은 품질, 사회적 책임, 환경, 보안 또는 재무경영과 같은 다른 경영시스템과 관련된 요구사항을 포함하지 않지만 그 요소는 다른 경영시스템의 요소와 정렬되거나 통합될 수 있다. 이 표준은 조직이 OH&S 경영시스템을 실행하고 적합성 평가하기 위해 활용될 수 있는 요구사항을 포함하고 있다. 조직은 다음과 같은 방법을 통하여 이 표준에의 적합성을 실증할 수 있다.

- 고객과 같은 조직이 관심이 있는 당사자에 의한 적합성 확인을 요구
- 조직 외부의 당사자에 의해 자기 선언의 확인을 모색
- 외부 조직에 의한 OH&S 경영시스템의 인증/등록 추진

이 표준의 1에서 3은 이 표준의 활용에 적용되는 적용 범위, 인용 표준 및 용어와 정의를 설명하고, 4에서 10은 이 표준의 적합성을 평가하는 데 사용되는 요구사항을 포함한다.

3의 용어와 정의는 개념적 순서로 배열하고, 이 문서의 끝에 알파벳순 색인이 제공된다.

이 표준에서는 다음과 같은 조동사 형태가 사용된다.

a) "하여야 한다(shall)"는 요구사항을 의미한다.
b) "하는 것이 좋다/하여야 할 것이다(should)"는 권고사항을 의미한다.
c) "해도 된다(may)"는 허용을 의미한다.
d) "할 수 있다(can)"는 가능성 또는 능력을 의미한다.

"비고"로 표기된 정보는 관련 요구사항을 이해하거나 명확히 하기 위한 가이던스이다. 3에서 사용된 "비고"는 용어에 대한 부가적인 정보를 제공하며, 용어 사용과 관련된 조항을 포함할 수 있다.

1. 적용 범위

이 표준은 조직으로 하여금 작업 관련 상해 및 건강상 장해를 예방함과 동시에 능동적으로 OH&S 성과를 개선시킴으로써 안전하고 건강한 작업장을 제공하도록 하기 위한 안전보건경영시스템(OH&S)의 요구사항을 규정하고 사용지침을 제공한다.

이 표준은 조직의 활동과 관련이 있는 안전보건 개선, 유해·위험요소 제거 및 OH&S 리스크(시스템 결함 포함) 최소화, OH&S 기회의 장점 활용, OH&S 경영시스템 부적합을 다루기 위한 OH&S 경영시스템을 수립, 실행 및 유지하고자 하는 모든 조직에게 적용 가능하다.

이 표준은 조직이 OH&S 경영시스템의 의도된 결과를 달성하는 데 도움을 준다. 조직의 OH&S 방침과 일관성 있는 OH&S 경영시스템의 의도된 결과는 다음을 포함한다.

a) OH&S 성과의 지속적인 개선
b) 법적 요구사항 및 기타 요구사항의 충족
c) OH&S 목표의 달성

이 표준은 조직의 규모, 유형 및 활동에 관계없이 모든 조직에 적용할 수 있다. 조직이 운용하는 상황과 근로자 및 기타 이해관계자의 니즈와 기대와 같은 요소를 반영하여 조직의 관리하에 있는 OH&S 리스크에 적용할 수 있다.

이 표준은 OH&S 성과에 대한 구체적인 기준을 제시하지 않으며, OH&S 경영시스템의 설계에 대하여 규정하는 것 또한 아니다.
이 표준은 OH&S 경영시스템을 통해 조직이 근로자의 건강/복지와 같은 안전보건의 다른 측면을 통합할 수 있게 한다.
이 표준은 근로자 및 기타 관련 이해관계자에게 제공하는 리스크 이상으로 제품안전, 재산 피해 또는 환경 영향과 같은 이슈를 다루지는 않는다.

이 표준은 안전보건경영을 체계적으로 개선하기 위하여 전체적으로 또는 부분적으로 사용될 수 있다. 그러나 이 표준에 대한 적합성 주장은 모든 요구사항이 조직의 OH&S 경영시스템에 통합하고 제외없이 충족하지 않는 한 허용되지 않는다.

2. 인용 표준

인용 표준은 없다.

3. 용어와 정의

이 표준의 목적을 위해 다음의 용어 및 정의가 적용한다.
ISO 및 IEC는 다음 사이트에서 표준에 사용하는 전문용어 데이터베이스를 유지한다.

- ISO 온라인 브라우징 플랫폼 : http://www.iso.org/obp
- IEC 전자백과 : http://www.electropedia.org/

3.1 조직(organization)

조직의 목표(3.16) 달성하기 위한 책임, 권한 및 관계가 있는 자체의 기능을 가진 사람 또는 사람의 집단

> 비고 1 조직의 개념은 다음을 포함하나 이에 국한되지 않는다. 개인사업자, 조직, 법인, 상사, 기업, 당국, 파트너십, 협회, 자선단체 또는 기구 혹은 이들이 통합이든 아니든 공적이든 사적이든 이들의 일부 또는 조합
>
> 비고 2 이것은 ISO/IEC 지침, 제1부에 대한 통합된 ISO 보충자료의 부록서 SL에 주어진

ISO 경영시스템 표준에 대한 공통 용어 및 핵심 정의 중 하나를 구성한다.

3.2 이해관계자

의사결정 또는 활동에 영향을 줄 수 있거나, 영향을 받을 수 있거나 또는 그들 자신이 영향을 받는다는 인식을 할 수 있는 사람 또는 조직(3.1)

> 비고 이것은 ISO/IEC 지침, 제1부에 대한 통합된 ISO 보충자료의 부록서 SL에 주어진 ISO 경영시스템 표준에 대한 공통 용어 및 핵심 정의 중 하나를 구성한다.

3.3 근로자(worker)

조직(3.1)의 관리하에 있는 작업 또는 작업 관련 활동을 수행하는 사람

> 비고 1 개인은 정기적 또는 일시적, 간헐적 또는 계절적, 우연한 또는 시간제 등 다양한 방식으로 유급 또는 무보수로 작업 또는 작업-관련 활동을 수행한다.
> 비고 2 근로자에는 최고경영자(3.12), 관리직 및 비 관리자직을 포함한다.
> 비고 3 조직의 관리하에 수행되는 업무 또는 업무-관련 활동은 조직이 고용한 근로자, 외부 제공자의 근로자, 계약자, 개인, 대리 근로자 및 조직의 상황에 따라 업무 또는 업무-관련 활동을 공유하는 범위 내에서 다른 인원에 의해 수행할 수 있다.

3.4 참여(participation)

의사 결정에서 참여/개입

> 비고 참여는 안전보건위원회 및 존재하는 경우, 근로자 대표가 참여하는 것을 포함한다.

3.5 협의(consultation)

결정 이전에 의견을 구함

> 비고   협의는 안전보건위원회 및 존재하는 경우, 근로자 대표가 참여하는 경우를 포함한다.

3.6 작업장(workplace)

인원이 일을 해야 하거나 일의 이유로 갈 필요가 있는 조직(3.1)의 관리하에 있는 장소

> 비고   작업장에 대한 OH&S 경영시스템(3.11)의 조직의 책임은 작업장 전반에 걸친 관리의 정도에 의존한다.

3.7 계약자(contractor)

합의된 규격, 계약 조건에 따라 조직에 서비스를 제공하는 외부 조직(3.1)

> 비고   서비스에는 건설 활동이 포함될 수 있다.

3.8 요구사항(requirement)

명시적인 니즈 또는 기대, 일반적으로 묵시적이거나 의무적인 요구 또는 기대

> 비고 1   "일반적으로 묵시적인"은 조직(3.1) 및 이해관계자(3.2)의 요구 또는 기대가 묵시적으로 고려되는 관습 또는 일상적인 관행을 의미한다.

- 비고 2 규정된 요구사항은, 예를 들면 문서화된 정보(3.24)에 명시된 것을 말한다.
- 비고 3 이것은 ISO/IEC 지침, 제1부에 대한 통합된 ISO 보충자료의 부록서 SL에 주어진 ISO 경영시스템 표준에 대한 공통 용어 및 핵심 정의 중 하나를 구성한다.

3.9 법적 요구사항 및 기타 요구사항 (legal requirements and other requirements)

조직(3.1)이 준수해야 하는 법적 요구사항 및 조직이 준수해야 하거나 준수하기로 선택한 기타 요구사항(3.8)

- 비고 1 이 표준의 목적 상, 법적 요구사항 및 기타 요구사항은 OH&S 경영시스템(3.11)과 관련된 것이다.
- 비고 2 "법적 요구사항 및 기타 요구사항"에는 단체협약의 조항이 포함될 수 있다.
- 비고 3 법적 요구사항 및 기타 요구사항에는 법률, 규제, 단체협약 및 관행에 따라 근로자(3.3) 대표를 결정하는 요구사항이 포함된다.

3.10 경영시스템(management system)

방침(3.14) 및 목표(3.16)를 수립하고 그 목표를 달성하기 위한 프로세스(3.25)를 수립하기 위한 조직(3.1)의 상호 관련되거나 상호 작용하는 요소의 집합

- 비고 1 경영시스템은 단일 분야 또는 여러 분야를 다룰 수 있다.
- 비고 2 경영시스템 요소는 조직의 구조, 역할과 책임, 기획, 운영, 성과평가 및 개선을 포함한다.
- 비고 3 경영시스템의 적용 범위는 조직 전체, 조직의 파악된 기능, 부문 또는 조직 그룹 전체에 있는 하나 또는 그 이상의 기능을 포함할 수 있다.
- 비고 4 이것은 ISO/IEC 지침, 제1부에 대한 통합된 ISO 보충자료의 부록서 SL에 주어진 ISO 경영시스템 표준에 대한 공통 용어 및 핵심 정의 중 하나를 구성한다. 경영시스템의

더 넓은 요소 중 일부를 명확히 하기 위해 비고 2가 수정되었다.

3.11 안전보건경영시스템/OH&S 경영시스템 (OH&S management system)

OH&S 방침(3.15)을 달성하기 위해 활용된 경영시스템(3.10) 또는 경영시스템의 일부

- **비고 1** OH&S 경영시스템의 의도된 결과는 근로자(3.3)에게 상해 및 건강상 장해(3.18)를 예방하고 안전하고 건강한 작업장(3.6)을 제공하는 것이다.
- **비고 2** "안전보건(OH&S)" 및 "보건안전(OSH)"은 동일한 의미이다.

3.12 최고경영자/최고경영진(top management)

최고 계층에서 조직(3.1)을 지휘하고 관리하는 사람 또는 그룹

- **비고 1** 최고경영진은 OH&S 경영시스템(3.11) 보유에 대한 최종 책임이 있는 조직 내에서 권한을 위임하고 자원을 제공할 힘을 갖는다.
- **비고 2** 경영시스템(3.10)의 적용 범위가 단지 조직의 일부만을 포함하는 경우, 조직의 그 일부분을 지휘하고 관리하는 사람들을 최고경영자로 부를 수 있다.
- **비고 3** 이것은 ISO/IEC 지침, 제1부에 대한 통합된 ISO 보충자료의 부록서 SL에 주어진 ISO 경영시스템 표준에 대한 공통 용어 및 핵심 정의 중 하나를 구성한다. OH&S 경영시스템과 관련하여 최고경영자의 책임을 분명히 하기 위해 보기 1을 수정하였다.

3.13 효과성(effectiveness)

계획된 활동이 실현되어 계획된 결과가 달성되는 정도

비고 이것은 ISO/IEC 지침, 제1부에 대한 통합된 ISO 보충자료의 부록서 SL에 주어진 ISO 경영시스템 표준에 대한 공통 용어 및 핵심 정의 중 하나를 구성한다.

3.14 방침(policy)

최고경영자(3.12)에 의해 공식적으로 표명된 조직(3.1)의 의도 및 방향

비고 이것은 ISO/IEC 지침, 제1부에 대한 통합된 ISO 보충자료의 부록서 SL에 주어진 ISO 경영시스템 표준에 대한 공통 용어 및 핵심 정의 중 하나를 구성한다.

3.15 안전보건방침(occupational health and safety policy)/OH&S 방침

근로자(3.3)에게 상해 및 건강상 장해(3.18)를 예방하고 안전하고 건강한 작업장(3.6)을 제공하기 위한 방침(3.14)

3.16 목표(objective)

달성되어야 할 결과

비고 1 목표는 전략적, 전술적 또는 운영적일 수 있다.

| 비고 2 | 목표는 다른 분야(예를 들면 재무, 안전보건 그리고 환경목표)와 관련될 수 있고, 상이한 계층[예를 들면 전략적, 조직-전반, 프로젝트, 제품 그리고 프로세스(3.25)]에 적용될 수 있다.
| 비고 3 | 목표는 다른 방식, 예를 들면 의도된 결과(outcome), 목적, 운영기준, OH&S 목표(3.17)로 또는 비슷한 의미를 갖는 다른 용어[예: 목표(aim), 목표(goal), 세부목표(target)]의 사용에 의해 표현될 수 있다.
| 비고 4 | 이것은 ISO/IEC 지침, 제1부에 대한 통합된 ISO 보충자료의 부록서 SL에 주어진 ISO 경영시스템 표준에 대한 공통 용어 및 핵심 정의 중 하나를 구성한다. OH&S 목표라는 용어가 3.17에서 별도로 정의되었기 때문에 원본 "비고 4"는 삭제되었다.

3.17 안전보건목표(occupational health and safety objective)/OH&S 목표

OH&S 방침(3.15)과 일관성 있는 구체적인 결과를 달성하기 위해 조직(3.1)이 설정한 목표(3.16)

3.18 상해 및 건강상 장해(injury and ill health)

사람의 신체적, 정신적 또는 인지적 상태에 대한 악영향

| 비고 | 이러한 악영향은 직업병, 질병 및 사망을 포함한다.
| 비고 | "상해 및 건강상 장해"라는 용어는 상해 또는 건강상 장해가 자체 또는 조합 형태로 존재함을 의미한다.

3.19 유해 · 위험요인(hazard)

상해 및 건강상 장해(3.18)를 잠재적 가능성 있는 근원

비고 유해 · 위험요인은 해를 끼칠 수 있는 위험이 있거나 위험한 상황 및 상해 또는 건강상 장해를 초래할 수 있는 노출 가능성이 있는 원인을 포함할 수 있다.

3.20 리스크(risk)

불확실성의 영향

비고 1 영향은 긍정적 또는 부정적 예상으로부터 벗어나는 것이다.
비고 2 불확실성은 사건, 사건의 결과 또는 가능성에 대한 이해 또는 지식에 관련된 정보의 부족, 심지어 부분적으로 부족한 상태이다.
비고 3 리스크는 흔히 잠재적인 "사건(ISO Guide 73:2009, 3.5.1.3)"과 "결과(ISO Guide 73:2009, 3.6.1.3)" 또는 이들의 조합으로 특징지어진다.
비고 4 리스크는 흔히(주변 환경의 변화를 포함하는) 사건의 결과와 연관된 "발생 가능성(ISO Guide 73: 2009, 3.6.1.1)"의 조합으로 표현된다.
비고 5 이 표준에서, "리스크와 기회"라는 용어가 함께 사용하는 경우, 이는 OH&S 리스크, OH&S 기회 및 경영시스템에 대한 다른 리스크와 기회를 의미한다.
비고 6 이것은 ISO/IEC 지침, 제1부에 대한 통합된 ISO 보충자료의 부록서 SL에 주어진 ISO 경영시스템 표준에 대한 공통 용어 및 핵심 정의 중 하나를 구성한다. 이 표준에서 사용하기 위해 "리스크와 기회"라는 용어를 명확하게 하기 위해 비고 5가 추가되었다.

3.21 안전보건 리스크(occupational health and safety risk)/OH&S 리스크

작업-관련 위험한 사건 또는 노출에 의한 발생 가능성과 사건 또는 노출에 의해 야기될 수 있는 상해 및 또는 건강상 장해(3.18)의 심각성의 조합

3.22 안전보건 기회(occupational health and safety opportunity)/OH&S 기회

OH&S 성과(3.28) 개선으로 이어질 수 있는 상황 또는 상황의 조합

3.23 역량/적격성(competence)

의도된 결과를 달성하기 위해 지식 및 스킬을 적용하는 능력

> 비고 이것은 ISO/IEC 지침, 제1부에 대한 통합된 ISO 보충자료의 부록서 SL에 주어진 ISO 경영시스템 표준에 대한 공통 용어 및 핵심 정의 중 하나를 구성한다.

3.24 문서화된 정보(documented information)

조직(3.1)에 의해 관리되고 유지되도록 요구되는 정보 및 정보가 포함되어 있는 매체

> 비고1 문서화된 정보는 어떠한 형태 및 매체일 수 있으며 어떠한 출처로부터 올 수 있다.
> 비고2 문서화된 정보는 다음으로 언급될 수 있다.
>   a) 관련 프로세스(3.25)를 포함하는 경영시스템(3.10)

　　　　b) 조직에서 운영하기 위해서 만든 정보(문서화)
　　　　c) 달성된 결과의 증거(기록)

비고 3　이것은 ISO/IEC 지침, 제1부에 대한 통합된 ISO 보충자료의 부록서 SL에 주어진 ISO 경영시스템 표준에 대한 공통 용어 및 핵심 정의 중 하나를 구성한다.

3.25 프로세스(process)

입력을 출력으로 변환하는 상호 관련되거나 상호작용하는 활동의 집합

비고　이것은 ISO/IEC 지침, 제1부에 대한 통합된 ISO 보충자료의 부록서 SL에 주어진 ISO 경영시스템 표준에 대한 공통 용어 및 핵심 정의 중 하나를 구성한다.

3.26 절차(procedure)

활동 또는 프로세스(3.25)를 수행하기 위하여 규정된 방식

비고　절차는 문서화될 수도 있고 문서화되지 않을 수도 있다.
　　　[출처 : ISO 9000:2015, 3.4.5, 비고 1을 수정함]

3.27 성과(performance)

측정 가능한 결과

비고 1　성과는 정량적 또는 정성적 발견 사항과 관련될 수 있다. 결과는 정성적 또는 정량적 방법으로 결정되고 평가될 수 있다.
비고 2　성과는 활동, 프로세스(3.25), 제품(서비스포함), 시스템 또는 조직(3.1)의 경영에

관련될 수 있다.

비고 3 이것은 ISO/IEC 지침, 제1부에 대한 통합된 ISO 보충자료의 부록서 SL에 주어진 ISO 경영시스템 표준에 대한 공통 용어 및 핵심 정의 중 하나를 구성한다. 결과를 결정하고 평가하는 데 사용될 수 있는 방법의 유형을 명확하게 하기 위해 비고 1을 수정하였다.

3.28 안전보건성과(occupational health and safety performance)/OH&S 성과

근로자(3.3)에게 상해 및 건강상 장해(3.18)의 예방 및 안전하고 건강한 작업장(3.6) 제공에 대한 효과성(3.13)과 관련된 성과(3.27)

3.29 외주처리하다

외부 조직(3.1)이 조직의 기능 또는 프로세스(3.25)의 일부를 수행하도록 한다.

비고 1 외주 처리된 기능 또는 프로세스가 경영시스템의 적용 범위 내에 있다 하더라도 외부 조직은 경영시스템(3.10) 적용 범위 밖에 있다.

비고 2 이것은 ISO/IEC 지침, 제1부에 대한 통합된 ISO 보충자료의 부록서 SL에 주어진 ISO 경영시스템 표준에 대한 공통 용어 및 핵심 정의 중 하나를 구성한다.

3.30 모니터링(monitoring)

시스템, 프로세스(3.25) 또는 활동의 상태를 결정

비고 1 상태를 확인하기 위해서는 점검, 감독 또는 심도 있는 관찰이 필요할 수 있다.

비고 2   이것은 ISO/IEC 지침, 제1부에 대한 통합된 ISO 보충자료의 부록서 SL에 주어진 ISO 경영시스템 표준에 대한 공통 용어 및 핵심 정의 중 하나를 구성한다.

3.31 측정(measurement)

값을 결정하는 프로세스(3.25)

비고   이것은 ISO/IEC 지침, 제1부에 대한 통합된 ISO 보충자료의 부록서 SL에 주어진 ISO 경영시스템 표준에 대한 공통 용어 및 핵심 정의 중 하나를 구성한다.

3.32 심사(audit)

심사 기준에 충족되는 정도를 결정하기 위하여 객관적인 증거를 수집하고 객관적으로 평가하기 위한 체계적이고 독립적이며 문서화된 프로세스(3.25)

비고 1   심사는 내부심사(1자 심사) 또는 외부심사(2자 또는 3자)가 있으며, 결합심사(둘 또는 그 이상 분야를 결합한)가 있을 수 있다.
비고 2   내부심사는 조직(3.1) 자체에서 또는 외부 의뢰인에 의해 수행된다.
비고 3   "심사 증거" 및 "심사 기준"은 ISO 19011에 정의되어 있다.
비고 4   이것은 ISO/IEC 지침, 제1부에 대한 통합된 ISO 보충자료의 부록서 SL에 주어진 ISO 경영시스템 표준에 대한 공통 용어 및 핵심 정의 중 하나를 구성한다.

3.33 적합(conformity)

요구사항(3.8)의 충족

> 비고 이것은 ISO/IEC 지침, 제1부에 대한 통합된 ISO 보충자료의 부록서 SL에 주어진 ISO 경영시스템 표준에 대한 공통 용어 및 핵심 정의 중 하나를 구성한다.

3.34 부적합(nonconformity)

요구사항(3.8)의 불충족

> 비고 1 부적합은 이 표준의 요구사항 및 조직(3.1)이 자체적으로 수립한 추가 OH&S 경영시스템(3.11) 요구사항과 관련된다.
> 비고 2 이것은 ISO/IEC 지침, 제1부에 대한 통합된 ISO 보충자료의 부록서 SL에 주어진 ISO 경영시스템 표준에 대한 공통 용어 및 핵심 정의 중 하나를 구성한다. 이 표준의 요구사항 및 조직 자체의 OH&S 경영시스템 요구사항에 대한 부적합의 관계를 명확히 하기 위해 보기 1이 추가되었다.

3.35 사건(incident) → 사고

상해 및 건강상 장해(3.18)에 악영향을 미칠 수 있는 외적인 작업 또는 작업 과정에서 생긴 일

> 비고 1 상해 및 건강상 장해가 발생하는 사건을 종종 "사고(accident)"라고 한다. → 재해
> 비고 2 상해 및 건강상 장해가 발생하지는 않지만 잠재적으로 그러한 사건이 발생할 가능성이 있는 사건은 "아차사고(near-miss)", "돌발 상황(near-hit)" 또는 "위기 일발(close call)"이라고 한다.
> 비고 3 사건과 관련된 하나 이상의 부적합(3.34)이 있을 수 있지만, 부적합 사항이 없는 경우에도 사건은 발생할 수 있다.

3.36 시정조치(corrective action)

부적합(3.34) 또는 사건(3.35)의 원인을 제거하고 재발을 방지하기 위한 조치

비고 이것은 ISO/IEC 지침, 제1부에 대한 통합된 ISO 보충자료의 부록서 SL에 주어진 ISO 경영시스템 표준에 대한 공통 용어 및 핵심 정의 중 하나를 구성한다. "사건"이 안전보건의 핵심 요소이기 때문에 "사건"에 대한 참조를 포함하도록 용어가 수정되었지만 해결을 위해 필요한 활동은 시정조치를 통해 부적합과 동일시 된다.

3.37 지속적 개선(continual improvement)

성과(3.27)를 향상시키기 위하여 반복하는 활동

비고 1 성과향상은 OH&S 방침(3.15) 및 OH&S 목표(3.17)와 일관성 있는 전체 OH&S 성과(3.28)의 개선을 달성하기 위해 OH&S 경영시스템(3.11)의 활용과 관련이 있다.
비고 2 지속적 개선은 연속적을 의미하지 않으므로 모든 분야에서 활동을 동시에 수행할 필요는 없다.
비고 3 이것은 ISO/IEC 지침에 대한 보충 ISO의 부록 SL에 있는 ISO 경영시스템 표준에 대한 공통 용어 및 핵심 정의 중 하나를 구성한다. 비고 1 및 비고 2가 추가되었다. 비고 1은 OH&S 경영시스템의 상황에서 "성과"의 의미를 명확히 하기 위한 것이고, 비고 2는 "지속적"의 의미를 명확히 하기 위한 것이다.

4. 조직 상황

4.1 조직상황의 이해

> 조직은 조직의 목적과 관련이 있는 외부와 내부 이슈를 그리고 조직의 OH&S 경영시스템의 의도된 결과를 달성하기 위한 조직의 능력에 영향을 주는 외부와 내부 이슈를 정하여야 한다.

•• 요구사항의 취지

조직은 조직의 목적과 관련되고 안전보건경영시스템에 영향을 주는 내부 이슈, 외부 이슈 사항을 정하고 분석해서 조직을 둘러싼 조직 환경의 변화에 대비하라.
예)
1. 외부 이슈
   1) 정치, 경제, 문화, 관련 법률, 자연환경, 시장의 경쟁
   2) 신규 경쟁기업, 기술, 새로운 직업에서의 안전보건

3) 관련 산업 부분의 안전보건 경향
  4) 외부 이해관계자와의 우호 관계, 인식 및 가치 등

 2. 내부 이슈
  1) 조직구조, 책임과 역할, 조직의 안전보건 문화
  2) 안전보건정보전달 체계, 흐름, 의사결정 체계
  3) 신규 제품의 개발/신규 공정의 개발 관련 안전보건
  4) 표준, 지침, 계약관계
  5) 근무조건 및 근무조건의 변화 등

- **주요 체크포인트**
 1. 조직의 안전보건경영시스템의 의도한 결과를 달성하는 능력에 영향을 주는 내부 이슈가 결정이 되어있는가?
 2. 조직의 안전보건경영시스템의 의도한 결과를 달성하는 능력에 영향을 주는 외부 이슈가 결정이 되어있는가?

- **증빙**
 조직의 내부 이슈, 외부 이슈 사항 정리 자료 등(경영검토 시 정리 가능)

4.2 근로자 및 기타 이해관계자의 니즈와 기대 이해

> 조직은 다음 사항을 정하여야 한다.
>
> a) 근로자 외에 OH&S 경영시스템에 관련되는 기타 이해관계자
> b) 근로자와 기타 이해관계자와 관련된 니즈와 기대(즉, 요구사항)
> c) 이러한 니즈와 기대 중 법적 요구사항 및 기타 요구사항이 되거나 될 수 있는 사항

•• **요구사항의 취지**

조직의 근로자와 안전보건과 관련된 기타 이해관계자를 정하고 그들이 원하는 바를 파악하여 관리하라.

•• **주요 체크포인트**

1. 조직의 안전보건경영시스템과 관련된 이해관계자는 결정되어 있는가?
2. 조직의 안전보건경영시스템과 관련된 근로자 및 이해관계자의 요구사항 및 니즈는 무엇인가?

≡ **증빙**

근로자, 이해관계자 파악 및 이해관계자의 요구사항 정리 자료(경영검토 시 정리 가능)

4.3 OH&S 경영시스템 적용 범위 결정

> 조직은 OH&S 경영시스템의 적용 범위를 수립하기 위하여 경계 및 적용 가능성을 정하여야 한다.
> 이 적용 범위를 정할 때, 조직은 다음 사항을 하여야 한다.
>
> a) 4.1에 언급된 외부와 내부 이슈를 고려
> b) 4.2에 언급된 요구사항을 반영
> c) 계획되거나 수행한 작업-관련 활동을 반영
>
> OH&S 경영시스템은 조직의 OH&S 성과에 영향을 줄 수 있는 조직의 관리 또는 영향 내에서의 활동, 제품 및 서비스를 포함하여야 한다.
> 적용 범위는 문서화된 정보로서 이용 가능하여야 한다.

⁕⁕ 요구사항의 취지

조직이 적용하는 ISO 안전보건경영시스템의 경계 및 적용 가능성을 결정하고 표현하라.
예)
1. 적용 범위 결정 시 조직의 안전보건성과를 갖거나 영향을 미칠 수 있는 활동, 제품 및 서비스를 제외하면 안 됨
2. 법적 요구사항 및 기타 요구사항을 회피하기 위한 적용 범위 결정을 하면 안 됨
3. 이해관계자가 알아야 할 조직 운용의 사실적이고 대표적인 표현을 사용해야 함

⁕⁕ 주요 체크포인트

1. 조직의 물리적 경계는 어디인가?(예: 주소, 장소 등)
2. 조직은 안전보건경영시스템 범위를 결정할 때 조직구조 및 법적 요구사항을 포함한 내부 및 외부 이슈 요인을 고려하였는가?
3. 안전보건경영시스템의 범위는 문서화하였는가?
4. 조직의 안전보건경영시스템이 범위를 결정할 때 조직의 관리 또는 영향 내에서의 활동, 제품 및 서비스를 포함하였는가?(예: 조직의 업무 등)

≡ 증빙

안전보건경영 매뉴얼 등에 조직의 안전보건경영시스템을 적용하는 주소(장소포함), 조직의 관리 또는 영향 내에서의 활동, 제품 및 서비스 표시

4.4 OH&S 경영시스템

> 조직은 이 표준의 요구사항에 따라, 필요한 프로세스와 그 프로세스의 상호작용을 포함하는 OH&S 경영시스템을 수립, 실행, 유지 및 지속적으로 개선하여야 한다.

•• **요구사항의 취지**

조직은 안전보건경영시스템의 요구사항에 따라 프로세스와 그 프로세스의 상호 작용을 포함하여 안전보건경영시스템을 수립, 실행, 유지 및 지속적 개선을 하라.

예)
1. 안전보건 적용 범위 수립 : 안전보건 적용 범위 설정
2. 경영진 및 조직 구성 : 경영진 참여/방침 수립/조직의 역할, 책임 및 권한 결정
  근로자 협의 및 참여(노동조합 등 설립)
3. 위험관리 : 리스크와 기회 평가/유해·위험요인 파악/ 법적 요구사항 결정
  → 조치계획 수립
4. 안전보건대책의 구현 : 유해·위험요인 제거/리스크 감소/비상사태 대비 및 대응
5. 모니터링, 측정 관리 : 법적 준수사항 검토/내부심사(운영관리 등)/경영검토
6. 사후 관리 : 사건, 부적합 처리 및 시정조치/지속적 개선

•• **주요 체크포인트**

1. 조직은 안전보건경영시스템의 결과를 달성하기 위해 필요한 프로세스와 프로세스 간의 상호작용에 관하여 정의되고 관리되고 있는가?

≡ **증빙**

문서화된 정보(매뉴얼 절차서 지침 양식 등), 각 프로세스의 상호작용, 프로세스 맵, 비지니스 매트릭스 등

5. 리더십과 근로자 참여

5.1 리더십과 의지 표명

최고경영자는 OH&S 경영시스템에 대한 리더십과 의지 표명을 다음 사항에 의하여 실증하여야 한다.

a) 안전하고 건강한 작업장 및 활동의 제공뿐만 아니라 작업 관련 상해 및 건강상 장해의 예방에 대한 전반적인 책임과 책무를 짐
b) OH&S 방침과 관련된 OH&S 목표가 수립하고 조직의 전략적 방향과 조화됨을 보장
c) OH&S 경영시스템 요구사항이 조직의 비즈니스 프로세스와 통합됨을 보장
d) OH&S 경영시스템의 수립, 실행, 유지 및 개선에 필요한 자원이 가용됨을 보장
e) 효과적인 OH&S 경영의 중요성을 의사소통하고 OH&S 경영시스템 요구사항과의 적합성에 대한 중요성을 의사소통
f) OH&S 경영시스템이 의도된 결과를 달성함을 보장

> g) OH&S 경영시스템의 효과성에 기여하도록 인원들을 감독 및 지원
> h) 지속적 개선의 보장 및 증진
> i) 다른 경영자의 책임 분야에 리더십이 적용될 때 리더십을 실증할 수 있도록 다른 관련 경영자 역할을 지원
> j) OH&S 경영시스템의 의도된 결과를 지원하는 조직 내 문화를 개발, 선도 및 증진
> k) 사건, 유해·위험요인, 리스크와 기회를 보고할 때 근로자를 보복으로부터 보호
> l) 조직이 근로자의 협의 및 참여 프로세스를 수립, 실행하도록 보장(5.4 참조)
> m) 산업안전보건위원회를 설립 및 기능에 대한 지원[5.4 e) 1) 참조]
>
> 비고 이 표준에서 "비즈니스"에 대한 언급은 조직의 존재 목적에 핵심이 되는 활동을 의미하는 것으로 광범위하게 해석될 수 있다.

요구사항의 취지

ISO 안전보건경영시스템을 도입하고자 하는 조직의 최고경영자/최고경영진은 안전보건경영시스템 규격에서 제시하는 요구사항을 반영하여 리더십과 의지 표명 및 실행의지를 실증하라.

주요 체크포인트

1. 최고경영진이 안전하고 건강한 작업장 및 활동 제공뿐만 아니라 업무 관련 부상 및 건강악화 예방에 대한 전반적인 책임을 다하고 있는가?
2. 최고경영진이 조직의 전략적 방향과 일치하는 안전보건정책 수립과 관련 목표가 수립되도록 하고 있는가?
3. 최고경영진이 안전보건경영시스템 요구사항을 조직의 프로세스에 통합하고 있는가?
4. 최고경영진은 안전보건경영시스템에 필요한 자원의 가용성을 보장하고 있는가?
5. 최고경영진이 안전보건경영시스템의 중요성을 전달하고 조직 내 안전보건 문화를 장려하고 있는가?
6. 최고경영진이 안전보건경영시스템의 의도한 성과를 달성하고 지속적인 개선을 추진하

고 있는가?
7. 최고경영진은 사건, 유해·위험요인, 리스크와 기회를 보고할 때 근로자를 보복으로 부터 보호하고 있는가?
8. 최고경영진은 조직의 안전보건경영시스템에 근로자의 협의 및 참여 프로세스를 수립, 실행하도록 보장하고 있는가?
9. 최고경영진은 산업안전보건위원회를 설립 및 기능에 대한 지원을 하고 있는가?

≡ **증빙**

안전보건방침과 안전보건목표, 역할에 대한 책임과 권한부여 근거, 안전보건 교육훈련 자료, 근로자 보복금지에 대한 선언문, 근로자의 참여확인서, 산업안전보건위원회 지원, 경영진의 인터뷰 등

5.2 OH&S 방침

최고경영자는 다음과 같은 OH&S 방침을 수립, 실행 및 유지하여야 한다.

a) 작업-관련 상해 및 건강상 장해 예방을 위해 안전하고 건강한 근무 조건을 제공하겠다는 의지를 포함하여야 하며, 조직의 목적, 규모 및 상황과 OH&S 리스크와 OH&S 기회의 특정 성격에 적절함
b) OH&S 목표를 설정하기 위한 틀을 제공
c) 법적 요구사항 및 기타 요구사항을 충족하겠다는 의지를 포함
d) 유해·위험요인을 제거하고 OH&S 리스크를 감소시키겠다는 의지를 포함(8.1.2 참조)
e) OH&S 경영시스템의 지속적 개선에 대한 의지를 포함
f) 근로자 및 존재하는 경우, 근로자 대표의 협의 및 참여에 대한 의지를 포함

> OH&S 방침은 다음과 같아야 한다.
>
> - 문서화된 정보로 이용 가능
> - 조직 내에서 의사소통됨
> - 해당하는 경우, 이해관계자가 이용 가능함
> - 관련이 있고 적절함

요구사항의 취지

ISO 안전보건경영시스템을 도입하고자 하는 조직의 최고경영자는 규격 요구사항을 반영한 방침을 수립, 실행 및 유지하라.

주요 체크포인트

1. 최고경영진은 조직의 안전보건방침을 수립, 실행, 유지하고 있는가?
2. 안전보건정책에는 안전하고 건강한 근무 조건을 제공하겠다는 의지가 포함되어 있는가?
3. 안전보건정책에는 위험요인 제거 및 안전보건 리스크 감소에 대한 의지가 포함되어 있는가?
4. 안전보건정책에는 법적 요구사항 및 그 외 요구사항 충족에 대한 의지가 포함되어 있는가?
5. 안전보건정책에는 근로자 및 근로자 대표(있는 경우)의 합의와 참여에 대한 의지가 포함되어 있는가?
6. 안전보건정책이 문서화된 정보로 이용 가능하며, 이해관계자가 이용 가능하는가?

증빙

안전보건방침, 안전보건방침에 대한 공개(홈페이지, 현수막, 액자 등), 안전보건 규격 요구사항 반영 유무, 방침에 대한 교육, 직원들의 인식 여부(인터뷰) 등

5.3 조직의 역할, 책임 및 권한

최고경영자는 OH&S 경영시스템 내의 관련된 역할에 대한 책임과 권한이 조직 내 모든 계층에서 부여하고, 의사소통하고 문서화된 정보로 유지됨을 보장하여야 한다. 조직의 각 계층에 있는 근로자는 자신이 관리하는 전반적인 OH&S 경영시스템의 제반 측면에 대해 책임을 져야 한다.

> **비고** 책임과 권한이 부여될 수 있지만, 궁극적으로 최고경영자는 여전히 OH&S 경영시스템의 기능에 대해 책무가 있다.

최고경영자는 다음 사항에 대한 책임과 권한을 부여하여야 한다.

a) OH&S 경영시스템이 이 표준의 요구사항을 적합함을 보장
b) OH&S 경영시스템의 성과를 최고경영자에게 보고

요구사항의 취지

조직이 운영하는 안전보건경영시스템의 안전보건 관련 프로세스의 업무를 정의하고 구성원에게 각각의 역할에 따른 책임과 권한을 부여하라.
예)
1. 최고경영자 : 안전보건경영시스템에 대한 전반적인 책임과 권한을 갖고 있음
2. 근로자
   1) 자신의 건강과 안전뿐만 아니라 다른 인원들의 건강 안전을 고려
   2) 유해·위험한 상황에 대해 보고를 하여 조치를 취할 수 있도록 할 것
3. 법이 규정하는 경우를 제외하고 조직의 기존 조직을 활용하여 역할에 따른 책임, 권한을 부여 가능

•• **주요 체크포인트**

안전보건경영시스템 관련 역할에 대한 책임과 권한이 조직 내 모든 계층에 부여되고 의사소통되며, 문서화된 정보로 유지, 관리되고 있는가?

≡ **증빙**

조직의 안전보건 업무 분장표, 직무기술서, 조직도 등

5.4 근로자의 협의 및 참여

조직은 OH&S 경영시스템의 개발, 기획, 실행, 성과평가 및 개선을 위한 조치에 모든 적용 가능한 계층 및 기능에 있는 근로자 및 존재하는 경우, 근로자 대표와 협의 및 참여에 대한 프로세스를 수립, 실행 및 유지하여야 한다.

조직은 다음 사항을 하여야 한다.

a) 협의 및 참여에 필요한 메커니즘, 시간, 훈련 및 자원을 제공

> 비고1 근로자 대표는 협의 및 참여를 위한 기구라 할 수 있다.

b) OH&S 경영시스템에 관한 명확하고 이해할 수 있으며 관련된 정보에 적시 접근성을 제공
c) 참여에 대한 방해물이나 장애물을 결정하고 제거하며, 제거할 수 없는 것들은 최소화

> 비고2 방해물과 장애물은 근로자의 참여 또는 제안에 대응 실패, 언어 또는 해독력 장애, 보복 또는 보복 위협, 근로자 참여를 방해하거나 처벌하는 방침 또는 관행을 포함할 수 있다.

d) 비 관리직 근로자와의 협의를 다음 사항에 관해 강조
   1) 이해관계자의 니즈와 기대를 결정(4.2 참조)
   2) OH&S 방침 수립(5.2 참조)
   3) 해당하는 경우, 조직의 역할, 책임 및 권한부여(5.3 참조)
   4) 법적 요구사항 및 기타 요구사항을 충족시키는 방법 결정(6.1.3 참조)
   5) OH&S 목표 수립 및 목표 달성을 위한 기획(6.2 참조)
   6) 외주처리, 조달 및 계약자에 대한 적용 가능한 관리 방법을 결정(8.1.4 참조)
   7) 모니터링, 측정 및 평가할 필요 대상의 결정(9.1 참조)
   8) 심사 프로그램을 계획, 수립, 실행 및 유지(9.2.2 참조)
   9) 지속적 개선을 보장(10.3 참조)
e) 비 관리직 근로자의 참여를 다음 사항에서 강조
   1) 협의 및 참여 메커니즘 결정
   2) 유해·위험요인 파악 및 리스크와 기회를 평가(6.1.1 및 6.1.2 참조)
   3) 유해·위험요인의 제거하고 OH&S 리스크를 감소하기 위한 조치의 결정(6.1.4 참조)
   4) 역량 요구사항, 훈련의 필요성, 훈련과 훈련평가의 결정(7.2 참조)
   5) 의사소통의 필요 대상 및 의사소통할 방법의 결정(7.4 참조)
   6) 관리수단 및 그 효과적인 실행 및 활용을 결정(8.1, 8.1.3 및 8.2 참조)
   7) 사건 및 부적합의 조사와 시정조치의 결정(10.2 참조)

> **비고 3** 비 관리직 근로자의 협의 및 참여를 강조하는 것은 업무 활동을 수행하는 인원들에게도 적용하도록 의도한 것이지만, 예를 들어 조직에서 업무 활동이나 다른 요인에 영향을 받는 관리자를 배제하려고 의도한 것은 아니다.

> **비고 4** 근로자에게 무료로 훈련을 제공하고, 가능하다면, 근무시간 동안 훈련을 제공하는 것이 근로자 참여에 대한 중대한 장애물을 제거할 수 있음을 인정하는 것이다.

요구사항의 취지

조직은 안전보건경영시스템의 개발, 기획, 실행, 성과평가 및 개선을 위한 조치에 모든 계층, 근로자, 근로자 대표와 협의 및 참여에 대한 프로세스를 수립, 실행 및 유지하라.

예)

〈협의〉
1. 근로자 또는 근로자 대표에게 필요한 안전보건 관련 정보를 적시에 제공
2. 안전보건 관련 의사 결정을 내리기 전에 쌍방향으로 피드백을 제공

〈참여〉
근로자는 안전보건 성과 측정 및 제안된 변경 사항에 대한 의사결정 프로세스에 기여

〈피드백〉
1. 조직은 모든 계층의 근로자가 유해·위험상황을 보고하도록 장려하여 예방조치와 시정조치가 취해지도록 하여야 할 것
2. 근로자가 해고, 징계 또는 기타 보복의 위협을 두려워하지 않는다면 제안을 접수하는 것

주요 체크포인트

1. 근로자와 근로자 대표(있는 경우)의 협의 및 참여를 위한 절차가 모든 단계 및 기능에서 수립되고 이행 및 유지, 관리되고 있는가?
2. 근로자 참여에 대한 장애물이 결정되고 제거되었으며, 제거할 수 없는 장애물은 최소화 하였는가?

증빙

노동안전보건협약서, 안전보건선언문 등

6. 기획

6.1 리스크와 기회를 다루는 조치

> ### 6.1.1 일반사항
>
> OH&S 경영시스템을 기획할 때, 조직은 4.1(상황)의 이슈, 4.2(이해관계자)와 4.3(OH&S 경영시스템의 적용 범위)의 요구사항을 고려하여야 하며, 다음 사항을 위하여 다루어야 할 필요성이 있는 리스크와 기회를 결정하여야 한다.
>
> a) OH&S 경영시스템이 의도된 결과를 달성할 수 있음을 보증
> b) 바람직하지 않은 영향의 예방 또는 감소
> c) 지속적 개선의 달성
>
> OH&S 경영시스템에 대한 리스크와 기회 및 해결해야 할 의도된 결과를 결정할 경우, 조직은 다음 사항을 반영하여야 한다.

> 기획 프로세스에서, 조직은 조직, 조직의 프로세스 또는 OH&S 경영시스템의 변경과 관련하여 OH&S 경영시스템의 의도된 결과와 관련된 리스크와 기회를 결정하고 평가하여야 한다. 영구적 또는 일시적인 계획된 변경의 경우, 이 리스크 평가는 변경을 실행하기 전에 수행하여야 한다(8.1.3 참조).
>
> 조직은 다음 사항에 관한 문서화된 정보를 유지하여야 한다.
>
> - OH&S 리스크와 기회
> - 계획된 대로 수행하는 신뢰를 갖기 위해 필요한 정도로 OH&S 리스크와 기회 (6.1.2에서 6.1.4 참조)를 결정하고 해결하기 위해 필요한 프로세스와 조치

•• **요구사항의 취지**

조직은 안전보건경영시스템을 기획할 때 향후 발생할 가능성이 있는 안전보건경영시스템 관련 리스크와 기회를 정하고 조직에 미칠 영향을 파악하여 조치계획을 수립, 실행하고 효과성을 평가하라.

•• **주요 체크포인트**

1. 조직이 안전보건경영시스템을 기획할 때 조직상황, 이해관계자 및 안전보건경영시스템의 적용 범위를 고려하고 있는가?
2. 조직은 안전보건경영시스템의 의도한 결과의 달성과 의도하지 않은 영향의 예방 및 감소를 위한 조치계획이 명확히 구분되어 있는가?
3. 조직은 안전보건경영시스템을 기획할 때 안전보건 관련된 위험요인, 리스크, 기회, 법적 요구사항과 조직, 프로세스 및 안전보건경영시스템의 변경사항, 기타 요구사항을 반영하고 있는가?
4. 조직은 안전보건경영시스템의 리스크와 기회, 프로세스가 계획대로 실행됐음을 확신할 수 있는 문서화된 정보가 유지하고 있는가?

≡ **증빙**

리스크 파악 및 기회관리 조치계획서, SWOT 분석표 등

6.1.2 유해·위험요인 파악 및 리스크와 기회의 평가

6.1.2.1 유해·위험요인 파악

조직은 진행 중 및 사전 예방적 유해·위험요인 파악을 위한 프로세스를 수립, 실행 및 유지하여야 한다.

프로세스는 다음 사항을 반영하여야 하지만, 이에 국한되지는 않는다.

a) 작업을 조직화하는 방법, 사회적 요인(작업량, 작업 시간, 희생, 희롱 및 괴롭힘을 포함), 리더십 및 조직 내 문화
b) 다음과 같은 사항으로 야기되는 유해·위험요인을 포함한 일상적 및 비일상적인 활동 및 상황
   1) 기반구조, 장비, 재료, 물질 및 작업장의 물리적조건
   2) 제품 및 서비스 설계, 연구, 개발, 시험, 생산, 조립, 건설, 서비스 인도, 유지 보수 또는 폐기
   3) 인적 요인
   4) 수행하는 작업 방법
c) 비상사태를 포함하여 조직 내부 또는 외부의 관련된 과거 사건 및 사건 원인
d) 잠재적인 비상 상황
e) 다음을 고려한 인원
   1) 근로자, 계약자, 방문객 및 기타 인원을 포함하여 작업장 및 그들의 활동에 접근하는 인원
   2) 조직 활동에 의해 영향을 받을 수 있는 작업장 주변에 있는 인원
   3) 조직의 직접 관리하에 있지 않은 장소에 있는 근로자
f) 다음을 고려한 기타 이슈
   1) 참여한 근로자의 니즈와 능력에 대한 적응을 포함하여, 작업 영역, 프로세스, 설치, 기계/장비, 운용절차 및 작업 조직의 설계
   2) 조직의 관리하에 작업-관련 활동으로 인하여 작업장 주변에서 발생하는 상황

3) 조직에 의해 관리되지 않고 작업장의 인원에게 상해 및 신체상 상해를 초래할 수 있는 작업장 주변에서 발생하는 상황

g) 조직, 운용, 프로세스, 활동 및 OH&S 경영시스템의 실제 또는 제안된 변경사항 (8.1.3 참조)

h) 유해·위험요인에 대한 지식 및 정보의 변경사항

6.1.2.2 OH&S 경영시스템에 대한 OH&S 리스크 및 기타 리스크의 평가

조직은 다음 사항을 위한 프로세스를 수립, 실행 및 유지하여야 한다.

a) 기존 관리 방법의 효과성을 반영하는 경우, 파악된 유해·위험요인으로부터 OH&S 리스크를 평가

b) OH&S 경영시스템의 수립, 실행, 운용 및 유지와 관련된 기타 리스크를 결정하고 평가

OH&S 리스크 평가를 위한 조직의 방법론과 기준은 리스크의 적용 범위, 성격 및 시기에 관하여 정의하여야 하며, 이는 대응적이 아니라 사전 예방적이고 체계적인 방식으로 활용되도록 보장하여야 한다.

방법론 및 기준에 대한 문서화된 정보는 유지하고 보유하여야 한다.

6.1.2.3 OH&S 경영시스템에 대한 OH&S 기회 및 기타 기회의 평가

조직은 다음 사항을 평가하기 위한 프로세스를 수립, 실행 및 유지하여야 한다.

a) 조직, 조직의 방침, 프로세스 또는 활동에 대한 계획된 변경 사항을 반영하는 경우, OH&S 성과를 향상시키기 위한 OH&S 기회
  1) 작업, 작업 조직 및 작업환경을 근로자에게 적응시키기 위한 기회
  2) 유해·위험요인을 제거하고 OH&S 리스크를 감소시키기 위한 기회

> b) OH&S 경영시스템을 개선하기 위한 기타 기회
>
> 비고 OH&S 리스크와 OH&S 기회는 조직에게 다른 리스크와 다른 기회를 초래할 수 있다.

•• 요구사항의 취지

조직은 진행 중이거나, 사전 예방적인 안전보건경영시스템의 유해·위험요인 파악과 파악된 유해·위험요인에 대한 리스크와 기회를 정하고 평가하는 프로세스를 수립, 실행 및 유지하라.

•• 주요 체크포인트

1. 조직은 진행 중이거나, 사전 예방적인 위험요인 파악을 위한 프로세스를 수립, 실행, 유지 및 관리하고 있는가?
2. 조직은 유해요인 파악 과정에 작업 구성 방법, 사회적 요소, 리더십과 조직문화를 반영하였는가?
3. 조직은 유해요인 파악 과정에 일상적인 상황과 비일상적 상황 및 활동을 반영하였는가?
4. 조직은 유해요인 파악 과정에 비상사태 및 과거의 관련 사건을 반영하였는가?
5. 조직은 유해요인 파악 과정에 잠재적 비상상황을 반영하였는가?
6. 조직은 유해요인 파악 과정에 안전보건경영시스템의 변경사항을 반영하였는가?
7. 조직은 유해요인 파악 과정에 위험요인에 대한 지식과 정보의 변화를 반영하였는가?
8. 조직은 안전보건경영시스템의 안전보건평가를 위한 방법론 및 기준에 대한 문서화된 정보를 유지 관리하고 있는가?
9. 조직은 안전보건성과와 안전보건경영시스템의 개선을 위한 안전보건 기회 및 기타 기회를 평가하기 위한 프로세스가 있는가?

≡ 증빙

안전보건 관련 공정분석표, 유해·위험요인 분류자료, 안전보건 위험성 평가표, 감소대책 수립 및 실행표 등

6.1.3 법적 요구사항 및 기타 요구사항의 결정

조직은 다음 사항을 위한 프로세스를 수립, 실행 및 유지하여야 한다.

a) 유해·위험요인, OH&S 리스크와 OH&S 경영시스템에 적용할 수 있는 최신의 법적 요구사항 및 기타 요구사항을 결정하고 접근
b) 이러한 법적 요구사항 및 기타 요구사항이 조직에 적용하는 방법과 의사소통할 필요가 있는 대상을 결정
c) OH&S 경영시스템을 수립, 실행, 유지 및 지속적 개선할 때 이러한 법적 요구사항 및 기타 요구사항을 반영

조직은 법적 요구사항 및 기타 요구사항에 대한 문서화된 정보를 유지하고 보유하여야 하며 모든 변경사항을 반영하여 갱신됨을 보장하여야 한다.

> 비고   법적 요구사항 및 기타 요구사항은 조직에게 리스크와 기회를 초래할 수 있다.

•• 요구사항의 취지

조직은 조직의 안전보건경영시스템에 영향을 주는 최신의 법적 요구사항 및 기타 요구사항과 의사소통 대상을 결정하고 변경사항을 반영하여 관리하라.

•• 주요 체크포인트

1. 조직은 안전보건경영시스템에 영향을 주는 법적 요구사항 및 기타 요구사항을 최신상태로 유지하는 프로세스가 있으며 이를 문서화된 정보로 관리하고 있는가?

≡ 증빙

안전보건법규 등록대장, 기타 요구사항 정리 자료 등

6.1.4 조치 기획

조직은 다음 사항을 계획하여야 한다.

a) 다음 사항을 위한 조치
   1) 리스크와 기회를 다룸(6.1.2.2 및 6.1.2.3 참조)
   2) 법적 요구사항 및 기타 요구사항을 다룸(6.1.3 참조)
   3) 비상 상황에 대비하고 대응(8.2 참조)
b) 다음 사항을 위한 방법
   1) 조치를 OH&S 경영시스템 프로세스 또는 기타 비즈니스 프로세스에 통합 및 실행
   2) 이러한 조치의 효과성 평가

조직은 조치계획을 수립할 때 관리사항의 체계(8.1.2 참조)와 OH&S 경영시스템의 출력 사항을 반영하여야 한다.
조직은 조치계획을 수립할 때 모범 사례, 기술적 선택사항 및 재무, 운용 및 비즈니스 요구사항을 고려하여야 한다.

•• 요구사항의 취지

조직은 관리되는 리스크와 기회, 법적 요구사항 및 기타 요구사항, 비상사태에 대비와 대응 등에 조치를 기획, 실행하고 효과성을 평가하라.

•• 주요 체크포인트

1. 조직은 리스크와 기회를 다루기 위한 조치가 기획되어 있는가?
2. 조직은 법적 요구사항 및 기타 요구사항을 다루기 위한 기획이 되어있는가?
3. 조직은 비상상황에 대한 대비 및 대응을 다루기 위한 기획이 되어있는가?
4. 조직은 조치계획을 안전보건경영시스템의 각 프로세스에 통합하여 실행하고, 조치의 효과성을 평가하고 있는가?

≡ **증빙**

리스크와 기회 정리 자료, 법적 및 기타 요구사항 정리 자료, 비상상황 대비 및 대응을 위한 자료, 실행 자료, 조치에 따른 효과성 평가 자료 등

6.2 OH&S 목표와 이를 달성하기 위한 기획

6.2.1 OH&S 목표

조직은 OH&S 경영시스템 및 OH&S 성과를 유지 및 지속적으로 개선하기 위하여 관련 기능 및 계층에서 OH&S 목표를 수립하여야 한다(10.3 참조).

OH&S 목표는 다음과 같아야 한다.

a) OH&S 방침과 일관성이 있어야 함
b) 측정 가능함(실행 가능한 경우) 또는 성과평가가 가능함
c) 다음 사항을 반영함
  1) 적용 가능한 요구사항
  2) 리스크와 기회 평가 결과(6.1.2.2 및 6.1.2.3 참조)
  3) 근로자(5.4 참조) 및 존재하는 경우, 근로자 대표자와의 협의 결과
d) 모니터링 됨
e) 의사소통 됨
f) 적절하게 갱신됨

6.2.2 OH&S 목표 달성을 위한 기획

OH&S 목표를 달성하기 위한 방법을 기획할 때, 조직은 다음 사항을 결정하여야 한다.

a) 달성 대상
b) 필요 자원
c) 책임자
d) 완료 시기
e) 모니터링 지표를 포함하여 결과의 평가 방법
f) OH&S 목표를 달성하기 위한 조치가 조직의 비즈니스 프로세스와 통합하는 방법

조직은 OH&S 목표와 이를 달성하기 위한 계획에 대한 문서화된 정보를 유지 및 보유하여야 한다.

•• **요구사항의 취지**

조직은 안전보건경영시스템 및 안전보건 관련 성과를 유지 및 지속적으로 개선하기 위하여 관련 계층 및 기능에서 목표 및 세부목표를 수립하고 관리하라.
예)
전사적 목표 → 부문별 목표 → 부서별 목표 → 개인별 목표 수립

•• **주요 체크포인트**

1. 안전보건목표에는 리스크와 기회 및 근로자와 근로자 대표의 협의 결과가 반영되어 있는가?
2. 안전보건목표는 측정이 가능하게 수립되어 있는가?
3. 안전보건목표는 모니터링되고 있는가?
4. 안전보건목표는 갱신되고 있는가?
5. 안전보건목표는 의사소통되고 있는가?

6. 안전보건목표 수립 시 달성 대상, 필요자원, 책임자, 완료시기, 평가 방법 등이 반영되어 있는가?
7. 안전보건목표는 문서화된 정보로 보유 및 유지하고 있는가?

≡ 증빙

연간 목표 추진계획 및 실적표, 세부목표 변경요청서 등

7. 지원

7.1 자원

> 조직은 OH&S 경영시스템의 수립, 실행, 유지 및 지속적 개선에 필요한 자원을 결정하고 제공하여야 한다.

요구사항의 취지

조직은 안전보건경영시스템의 수립, 실행, 유지 및 지속적 개선에 필요한 자원을 결정하고 제공하라.

예)
1. 인적자원 : 설계 및 개발 인원, 검사 및 시험 인원, 특별업무 인원 등
2. 유형자원 : R&D 장비, 시설, 장비 시설, 검사 및 시험 장비 시설, 물류장비 시설, 전산장비 시설 등
3. 무형자원 : 지식, 기술, 정보, 특허, 소프트웨어 등

•• **주요 체크포인트**

안전보건경영시스템의 수립, 실행, 유지 및 개선에 필요한 자원을 결정하고 제공하고 있는가?

≡ **증빙**

안전보건 관련 자산 목록, 안전보건 관련 직원 명부, 조직도, 비상연락망 등

7.2 역량/적격성

조직은 다음 사항을 실행하여야 한다.

a) OH&S 성과에 영향을 미치거나 영향을 줄 수 있는 근로자에게 필요한 역량을 결정
b) 적절한 학력, 훈련 또는 경험을 근거로 근로자가 적격함(유해·위험요인을 파악할 수 있는 능력 포함)을 보장
c) 해당하는 경우, 필요한 역량을 획득하고 유지하기 위한 조치를 취하고, 취해진 조치의 효과성을 평가
d) 역량의 증거로 적절한 문서화된 정보를 보유

> **비고** 적용할 수 있는 조치의 예로는 훈련 제공, 멘토링이나 현재 고용 인원의 재배치 또는 역량이 있는 인원의 고용이나 계약이 포함될 수 있다.

•• **요구사항의 취지**

조직은 안전보건경영시스템 운영과 관련된 업무를 분석하고 업무에 필요한 적격성을 갖춘 인원을 확보하라. 또한 필요한 역량 및 적격성을 갖출 수 있도록 조치를 취하고 효과성을 평가하라.

•• 주요 체크포인트

1. 조직의 안전보건 관련 업무에 필요한 역량 및 적격성은 결정되어 있는가?
2. 조직은 인원의 적격성 평가를 위한 기준의 마련 및 평가를 실시하고 있는가?
3. 조직은 프로세스 운용에 필요한 역량을 얻기 위한 교육훈련 등을 실시하고 있는가?
4. 조직은 교육훈련 실시 후 효과성은 어떻게 평가하고 있는가?
5. 프로세스가 계획대로 실행되었음을 확인할 수 있는 문서화된 정보는 무엇인가?

≡ 증빙

적격성 평가 기준 및 평가표, 교육훈련계획서, 교육결과 보고서, 개인별 교육 이력 카드, 교육의 효과성을 확인할 수 있는 문서화된 정보(합격증, 자격증, 수료증, 참가증) 등

7.3 인식

> 근로자는 다음 사항을 인식하여야 한다.
>
> a) OH&S 방침과 OH&S 목표
> b) 개선된 OH&S 성과의 이점을 포함하여 OH&S 경영시스템의 효과성에 기여함
> c) OH&S 경영시스템 요구사항에 적합하지 않을 경우의 영향(implication) 및 잠재적 중대성
> d) 근로자들과 관련된 사건과 사건 조사의 결과
> e) 근로자들과 관련된 유해·위험요인, OH&S 리스크 및 결정된 조치사항
> f) 근로자가 자신의 삶이나 건강에 절박하고 심각한 위험을 초래할 것이라고 고려하는 작업 상황으로부터 스스로를 제거할 수 있는 능력뿐만 아니라 그렇게 하는 것에 대한 부당한 결과로부터 자신을 보호하기 위한 준비사항

• **요구사항의 취지**

조직은 조직원이 안전보건방침 및 안전보건경영시스템의 효과성에 자신의 기여와 안전보건경영시스템의 요구사항에 부적합한 경우의 영향을 인식할 수 있도록 하라.

근로자가 심각한 위험을 초래할 것으로 우려되는 작업 상황으로부터 스스로 위험을 회피할 수 능력뿐만 아니라 부당한 결과로부터 자신을 보호하기 위한 준비사항을 인식하도록 하라.

• **주요 체크포인트**

1. 근로자가 안전보건정책 및 안전보건목표, 안전보건경영시스템의 효과성에 대한 자신의 기여에 대해 인식하고 있는가?
2. 근로자가 근로자와 관련된 위험요인과 안전보건 리스크 및 조치를 인식하고 있는가?
3. 자신의 생명이나 건강에 중대하고 심각한 위험을 초래할 수 있는 작업환경에서 근로자 스스로 벗어날 수 있으며, 그렇게 하는 것에 대한 부당한 결과로부터 스스로를 보호할 수 있는가?

≡ **증빙**

현황판/게시판의 게시물, 교육훈련 계획서, 교육결과 보고서, 근로자 인터뷰 등

7.4 의사소통

7.4.1 일반 사항

조직은 다음 사항을 결정하는 것을 포함하여 OH&S 경영시스템과 관련된 내부 및 외부 의사소통에 필요한 프로세스를 수립, 실행 및 유지하여야 한다.

a) 의사소통 내용
b) 의사소통 시기

c) 의사소통 대상
   1) 조직의 다양한 계층과 기능 중 내부 인원
   2) 계약자 및 작업장 방문자
   3) 기타 이해관계자
d) 의사소통 방법

조직은 의사소통의 필요성을 고려하는 경우 다양성 측면(예: 성별, 언어, 문화, 문맹퇴치, 무능력)을 반영하여야 한다.
조직은 의사소통 프로세스를 수립할 때 외부 이해관계자의 의견을 고려함을 보장하여야 한다.

의사소통 프로세스를 수립할 때, 조직은 다음 사항을 실행하여야 한다.

- 법적 요구사항 및 기타 요구사항을 반영
- 의사소통되는 OH&S 정보가 OH&S 경영시스템 내에서 생성된 정보와 일치하며 신뢰할 수 있음을 보장

조직은 OH&S 경영시스템과 관련된 의사소통 사항에 대응하여야 한다.
조직은 문서화된 정보를, 해당하는 경우, 의사소통의 증거로 보유하여야 한다.

7.4.2 내부 의사소통

조직은 다음을 실행하여야 한다.

a) 해당하는 경우, OH&S 경영시스템의 변경을 포함하여, 조직의 다양한 계층과 기능 간에 OH&S 경영시스템과 관련된 정보를 내부적으로 의사소통
b) 조직의 의사소통 프로세스가 근로자로 하여금 지속적 개선에 기여하도록 하는 것을 보장

7.4.3 외부 의사소통

조직은 수립된 조직의 의사소통 프로세스에 따라 그리고 법적 요구사항과 기타 요구사항을 반영한 대로 OH&S 경영시스템과 관련된 정보를 외부와 의사소통하여야 한다.

• 요구사항의 취지

조직은 안전보건경영시스템 관련하여 내부 및 외부 의사소통 채널을 구축하여 실행, 유지하라.

• 주요 체크포인트

1. 내부 및 외부 의사소통 프로세스에 의사소통 내용, 시기, 대상, 방법이 반영되어 있는가?
2. 의사소통 니즈를 고려할 때 다양성 측면(예: 성별, 언어, 문화, 읽기/쓰기 능력, 장애)를 고려하고 있는가?
3. 의사소통되는 안전보건정보가 안전보건경영시스템 내에서 생성된 정보와 일관성 있으며, 신뢰가 있음을 보장하는가?
4. 문서화된 정보를 조직의 의사소통 증거로 보유하고 있는가?

≡ 증빙

회의록, 의사소통 관리대장, 내부 인트라넷, 사내게시판, 홈페이지, 비상 연락망(내부, 외부), 주간(월간) 안전보건정보보고서 등

7.5 문서화된 정보

7.5.1 일반 사항

조직의 OH&S 경영시스템에는 다음 사항이 포함되어야 한다.

a) 이 표준에서 요구하는 문서화된 정보
b) OH&S 경영시스템의 효과성을 위해 필요한 것으로 조직이 결정한 문서화된 정보

> 비고 OH&S 경영시스템을 위한 문서화된 정보의 정도는 다음과 같은 이유로 인해 조직에 따라 다를 수 있다.

- 조직의 규모 그리고 활동, 프로세스, 제품 및 서비스의 유형
- 법적 요구사항 및 기타 요구사항의 충족에 대한 실증의 필요성
- 프로세스의 복잡성과 프로세스의 상호작용
- 근로자의 역량

7.5.2 작성 및 갱신

문서화된 정보를 작성하고 갱신할 경우, 조직은 다음 사항의 적절함을 보장하여야 한다.

a) 식별 및 내용(예: 제목, 날짜, 작성자 또는 문서번호)
b) 형식(예: 언어, 소프트웨어 버전, 그래픽) 및 매체(예: 종이, 전자 매체)
c) 적절성 및 충족성에 대한 검토 및 승인

7.5.3 문서화된 정보의 관리

OH&S 경영시스템 및 이 표준에서 요구되는 문서화된 정보는 다음 사항을 보장하기 위하여 관리되어야 한다.

a) 필요한 장소 및 필요한 시기에 사용가능하고 사용하기에 적절함
b) 충분하게 보호됨(예: 기밀유지 실패, 부적절한 사용 또는 완전성 훼손으로 부터)

문서화된 정보의 관리를 위하여, 조직은 적용 가능한 경우, 다음 활동을 다루어야 한다.

- 배포, 접근, 검색 및 사용
- 가독성 보존을 포함하는 보관 및 보존
- 변경 관리(예: 버전 관리)
- 보유 및 폐기

OH&S 경영시스템의 기획과 운용을 위하여 필요하다고 조직이 정한 외부 출처의 문서화된 정보는 적절하게 식별되고 관리되어야 한다.

비고 1 접근(access)이란 문서화된 정보를 보는 것만 허락하거나, 문서화된 정보를 보고 변경하는 허락 및 권한에 관한 결정을 의미할 수 있다.

비고 2 관련 문서화된 정보에 대한 접근은 근로자 및 존재하는 경우, 근로자 대표의 접근을 포함한다.

요구사항의 취지

조직은 이 표준에서 요구하는 문서화된 정보(필수문서)와 안전보건경영시스템의 효과성을 위해 조직이 결정한 문서화된 정보(기록물 등)를 관리하라.

주요 체크포인트

1. 문서화된 정보를 작성하고 갱신할 때 정보가 쉽게 식별되고 적절한 형식으로 제공되고 있는가?
2. 안전보건경영시스템에서 요구하는 문서화된 정보가 필요에 따라 사용 가능하고 사용하기에 적절하게 관리되고 있는가?
3. 문서화된 정보는 데이터가 충분히 보호되고 있는가?

증빙

문서 제·개정 심의서(전자문서 포함), 문서배포 관리대장, 문서목록, 외부문서 관리대장, 서버(디스켓) 관리대장, 홈페이지 관리대장 등

8. 운용

8.1 운용 기획 및 관리

8.1.1 일반 사항

조직은 다음 사항을 통하여 OH&S 경영시스템의 요구사항을 충족하고 6에서 결정된 조치사항을 실행하기 위해 필요한 프로세스를 계획, 실행, 관리 및 유지하여야 한다.

a) 프로세스에 대한 기준 수립
b) 기준에 부합하는 프로세스 관리를 실행
c) 프로세스가 계획대로 수행되었다는 확신을 갖기 위해 문서화된 정보를 유지 및 보유
d) 근로자에게 작업을 적용

다중-고용 사업장에서, 조직은 OH&S 경영시스템의 관련 부분을 다른 조직과 동일시하여야 한다.

•• **요구사항의 취지**

조직은 안전보건경영시스템의 요구사항을 충족시키는데 필요한 프로세스를 계획, 실행, 관리 및 유지하며 프로세스가 계획대로 수행되고 있음을 입증하는 정보를 문서화하라.

•• **주요 체크포인트**

1. 조직은 안전보건경영시스템을 충족하고 실행하기 위한 프로세스에 대한 기준은 수립되어 있는가?
2. 조직은 안전보건경영시스템의 수립된 프로세스를 관리하고 있는가?
3. 조직은 안전보건경영시스템이 계획대로 수행된 확신을 갖기 위한 문서화된 정보를 유지 및 보유하고 있는가?
4. 안전보건경영시스템의 프로세스는 근로자의 작업에 적용하고 있는가?

≡ **증빙**

안전보건 프로세스 기준, 기준 따라 실행한 근거(기록물) 등

8.1.2 유해 · 위험요인 제거 및 OH&S 리스크 감소

조직은 다음과 같은 "관리계층"을 활용하여 유해 · 위험요인을 제거 및 OH&S 리스크 감소를 위한 프로세스를 수립, 실행 및 유지하여야 한다.

a) 유해 · 위험요인 제거
b) 덜 유해한 프로세스, 운용, 물질 또는 장비로 대체
c) 공학적 관리사항의 활용 및 작업 재구성
d) 훈련을 포함한 행정적 관리사항의 활용
e) 적절한 개인 보호 장비 사용

> **비고** 많은 국가에서 법적 요구사항 및 기타 요구사항에는 근로자에게 개인 보호 장비(PPE)가 무료로 제공된다는 요구사항이 포함하고 있다.

요구사항의 취지

조직은 관리계층을 활용하여 유해·위험요인을 제거 및 감소를 위한 프로세스를 수립, 실행 및 유지하라.

예)

1. 제거 : 위험요소 제거
   1) 유해한 화학 물질 사용을 중단하기
   2) 새로운 작업장을 기획할 때 인체 공학적 접근법을 적용하기
   3) 단조로운 작업 제거 또는 부정적인 스트레스를 야기하는 작업 제거하기
   4) 한 지역에서 포크리프트 트럭을 제거하기

2. 대체 : 덜 위험한 것으로 위험물을 대체
   1) 온라인 지침으로 고객 불만에 응답하는 것으로 변경하기
   2) 근원에서 OH&S 리스크와 싸우기
   3) 기술적 발달에 적용하기(예: 용제 기반 페인트를 수성 페인트로 대체)
   4) 미끄러운 바닥 재료 변경하기
   5) 장비의 전압 요구사항 낮추기

3. 공학적 관리, 작업 재구성, 또는 둘 다
   1) 사람들을 유해·위험요인으로부터 격리시키기
   2) 집단 방호조치 실행하기(예: 격리, 기계 방호, 환기시스템)
   3) 기계적 취급 다루기
   4) 소음 감소하기
   5) 가드레일을 사용하여 높은 곳에서 떨어지는 것을 방지하기
   6) 혼자 일하는 사람, 건강에 좋지 않은 근무시간 및 작업량을 피하거나 희생을 방지하기 위한 작업 재구성하기

4. 훈련을 포함한 행정적 관리
   1) 정기적인 안전장비 검사 수행하기
   2) 왕따 및 괴롭힘을 방지하기 위한 훈련 실시하기
   3) 협력업체의 활동과 안전보건 협력을 관리하기

4) 유도 훈련 실시하기
5) 지게차 운전면허 관리하기
6) 보복에 대한 두려움 없이 사고, 부적합 및 희생을 신고하는 방법에 대한 지침 제공하기
7) 작업 방식 변경하기(예: 근로자의 교대)
8) 리스크 있다(예: 청력, 손목 진동, 호흡기 질환, 피부 질환 또는 노출 관련)고 파악된 근로자에 대한 건강 또는 의료 감시 프로그램 관리하기
9) 근로자에게 적절한 지침서 제공하기(예: 출입관리 프로세스)

5. 개인보호구(PPE)
의복을 포함한 적절한 PPE 제공 및 PPE 활용 및 유지를 위한 지침서 제공(예: 안전화, 보안경, 청력보호, 장갑)

•• **주요 체크포인트**

조직은 관리계층을 활용하여 유해·위험요인을 제거 및 감소를 위한 프로세스를 수립, 실행 및 유지하고 있는가?

≡ **증빙**

유해·위험요인 제거 및 감소를 위해 취해진 조치 내용 등

8.1.3 변경 관리

조직은 다음을 포함하여 OH&S 성과에 영향을 미치는 계획된 임시 및 영구적인 변경사항의 실행 및 관리를 위한 프로세스를 수립하여야 한다.

a) 다음 사항을 포함한, 신규 또는 기존 제품, 서비스 및 프로세스의 변경
 - 작업장 위치 및 주변 환경
 - 작업 조직
 - 작업 조건

> - 장비
> - 작업 강도
>
> b) 법적 요구사항 및 기타 요구사항의 변경
> c) 유해·위험요인 및 OH&S 리스크에 대한 지식 또는 정보의 변경
> d) 지식과 기술의 개발
>
> 조직은 필요한 경우, 모든 악영향을 완화하기 위한 조치를 취하고, 의도하지 않은 변경 결과의 중대성을 검토하여야 한다.
>
> **비고**   변경은 잠재적인 OH&S 기회를 초래할 수 있다.

요구사항의 취지

조직은 안전보건성과에 영향을 미칠 수 있는 임시 또는 영구적인 계획을 변경 관리하고, 의도하지 않은 변경의 결과를 검토하여 필요한 조치를 취하라.

주요 체크포인트

1. 조직은 안전보건성과에 영향을 미칠 수 있는 임시 또는 영구적인 계획을 변경 관리하고 있는가?
2. 의도하지 않은 변경의 결과를 검토하여 필요한 조치를 취하고 있는가?

증빙

조직의 변경사항을 관리하고 변경 결과의 중대성을 검토한 자료

8.1.4 조달

8.1.4.1 일반사항

조직은 OH&S 경영시스템에 대한 적합성을 보장하기 위해 제품 및 서비스 조달을 관리하기 위한 프로세스를 수립, 실행 및 유지하여야 한다.

8.1.4.2 계약자

조직은 다음 사항에서 발생하는 유해·위험요인 파악 및 OH&S 리스크를 평가 및 관리하기 위하여 조달 프로세스를 계약자와 조정하여야 한다.

a) 조직에게 영향을 주는 계약자의 활동 및 운용
b) 계약자의 근로자에게 영향을 주는 조직의 활동 및 운용
c) 작업장 내에서 다른 이해관계자에게 영향을 주는 계약자의 활동 및 운용

조직은 계약자와 그들의 근로자가 조직의 OH&S 경영시스템 요구사항을 충족하고 있음을 보장하여야 한다. 조직의 조달 프로세스는 계약자 선정을 위한 안전보건 기준을 정의하고 적용하여야 한다.

> 비고 계약 문서에 계약자 선정을 위한 안전보건 기준을 포함시키는 것이 도움이 될 수 있다.

> ### 8.1.4.3 외주처리
>
> 조직은 외주처리된 기능 및 프로세스가 관리되고 있음을 보장하여야 한다. 조직은 조직의 외주처리하는 준비사항이 법규와 그 밖의 요구사항 및 OH&S 경영시스템의 의도된 결과를 달성하는데 일치함을 보장하여야 한다. 이러한 기능 및 프로세스에 적용되는 관리의 유형과 정도는 OH&S 경영시스템 내에서 정의되어야 한다.
>
> **비고** 외부 공급자와 협조하는 것은 아웃소싱이 조직의 OH&S 성과에 대한 모든 영향을 해결하는 데 도움을 줄 수 있다.

요구사항의 취지

조직은 안전보건경영시스템에 대한 적합성을 보장하기 위해 제품 및 서비스 조달을 관리하기 위한 프로세스를 수립, 실행 및 유지하라.

주요 체크포인트

1. 조직은 안전보건경영시스템에 대한 적합성을 보장하기 위한 조달 프로세스를 관리하고 있는가?
2. 조직은 위험요인 파악 및 안전보건 리스크의 평가와 관리를 위해 계약자와 협조하여 조달 프로세스를 수립하였는가?
3. 조직은 계약자 선정을 위한 안전보건기준을 정의하고 적용하고 있는가?
4. 조직은 외주처리 기능과 프로세스가 관리되고, 안전보건경영시스템에 적용될 관리의 유형과 정도가 정의되어 있는가?
5. 조직의 외주처리 준비는 법적 요구사항 및 기타 요구사항과 일관되고, 안전보건경영시스템이 의도한 결과 달성과 일관되는가?

증빙

안전보건 내용을 반영한 계약자 평가 기준, 계약 평가서, 계약자 안전보건 서약서 등

8.2 비상사태 대비 및 대응

조직은 다음 사항을 포함하여 6.1.2.1에서 파악한 잠재적인 비상상황에 대비하고 대응하기 위해 필요한 프로세스를 수립, 실행 및 유지하여야 한다.

a) 응급조치의 제공을 포함한 비상상황에 계획된 대응의 수립
b) 계획된 대응을 위한 훈련의 제공
c) 계획된 대응 능력의 주기적인 시험 및 연습
d) 시험 후 및 특히 비상 상황 발생 이후를 포함하여, 성과평가 및 필요한 경우, 계획된 대응의 개정
e) 모든 근로자의 의무와 책임에 관한 의사소통 및 관련 정보의 제공
f) 계약자, 방문자, 비상사태 대응 서비스, 정부 당국 및 해당하는 경우, 지역 사회에 관련 정보의 의사소통
g) 관련된 모든 이해관계자의 니즈와 능력을 반영하고, 해당되는 경우, 계획된 대응의 개발에 그들의 참여를 보장

조직은 잠재적 비상 상황에 대응하기 위한 프로세스 및 계획에 관한 문서화된 정보를 유지 및 보유하여야 한다.

•• 요구사항의 취지

조직에서 발생할 가능성이 있는 안전보건의 잠재적 비상 상황을 대비하고 대응하기 위하여 프로세스를 수립하고 정기적인 훈련을 실시하라. 안전보건 관련하여 실제 비상상황이 발생하면 훈련에 따른 대응을 하라.

•• 주요 체크포인트

1. 비상사태 대비 및 대응을 하기 위한 프로세스를 수립하여 관리하고 있는가?
2. 잠재적 비상상황 대응 계획에 대한 교육훈련이 제공되고 있는가?

3. 모든 근로자에게 비상상황 대비 및 대응 관련 자신의 의무 및 책임에 대한 정보를 의사소통하고 제공하고 있는가?
4. 현장에 비상사태 대비 및 대응 관련 장애물 및 불필요한 요소(물건 등)는 없는가?
5. 현장에 비상사태 대응 관련 비품 등은 구비되어 있는가?
6. 계약자, 방문자, 비상 대응 서비스, 정부기관 및 해당 지역사회에게 비상 상황 대비 및 대응에 관한 관련 정보를 의사소통하는 프로세스 보유하고 있는가?

증빙

비상사태 훈련 계획서, 비상사태 훈련 보고서, 비상연락망 체계표, 비상사태 시나리오, 비상사태 대응 관련 비품 목록 등

9. 성과평가

9.1 모니터링, 측정, 분석 및 평가

9.1.1 일반 사항

조직은 모니터링, 측정, 분석 및 성과평가를 위한 프로세스를 수립, 실행 및 유지하여야 한다.

조직은 다음 사항을 결정하여야 한다.

a) 다음 사항을 포함하여 필요한 모니터링 및 측정 대상
  1) 법적 요구사항 및 기타 요구사항을 충족한 정도
  2) 파악된 유해·위험요인, 리스크 및 기회와 관련한 조직의 활동 및 운용
  3) 조직의 OH&S 목표 달성을 향한 진행사항
  4) 운용 및 기타 관리사항의 효과성
b) 유효한 결과를 보장하기 위한, 적용 가능한 경우, 모니터링, 측정, 분석 및 성과평가 방법

c) 조직이 조직의 OH&S 성과를 평가하기 위한 기준
d) 모니터링 및 측정을 수행하여야 하는 시기
e) 모니터링 및 측정 결과를 분석, 평가 및 의사소통하는 시기

조직은 OH&S 성과를 평가하여야 하며 OH&S 경영시스템의 효과성을 결정하여야 한다.

조직은 모니터링 장비 및 측정 장비가 교정되거나 적용하도록 검증되고, 적절하게 사용되고 유지됨을 보장하여야 한다.

> **비고** 모니터링 및 측정 장비의 교정 또는 검증과 관련하여 법적 요구사항 또는 기타 요구사항(예: 국가 또는 국제 표준)이 있을 수 있다.

조직은 다음 사항에 대하여 적절한 문서화된 정보를 보유하여야 한다.

- 모니터링, 측정, 분석 및 성과평가의 결과에 대한 증거
- 측정 장비의 유지, 교정 또는 검증에 관한 것

9.1.2 준수 평가

조직은 법적 요구사항 및 기타 요구사항(6.1.3 참조)을 준수 평가하기 위한 프로세스를 수립, 실행 및 유지하여야 한다.

조직은 다음 사항을 수행하여야 한다.

a) 준수 평가를 위한 빈도와 방법을 결정
b) 준수 평가 및 필요하다면 조치를 취함(10.2 참조)
c) 법적 요구사항 및 기타 요구사항에 대한 준수 상태에 대한 지식과 이해를 유지
d) 준수 평가 결과에 대한 문서화된 정보를 보유

·· 요구사항의 취지

조직은 모니터링, 측정, 분석 및 성과평가를 위한 프로세스를 수립, 실행 및 유지하라.

·· 주요 체크포인트

1. 조직은 안전보건성과에 대한 모니터링, 측정, 분석 및 평가 프로세스를 수립되어 있는가?
2. 조직은 무엇을 모니터링하고 측정해야 하는지 결정되어 있는가?
3. 조직은 유효한 결과를 보장하기 위해 어떤 방법이 사용되는지 결정되어 있는가?
4. 조직은 안전보건성과를 평가하기 위한 기준은 결정되어 있는가?
5. 조직은 모니터링 및 측정은 언제 수행해야하는지, 그 결과를 언제 분석 및 평가해야 하는지 결정되어 있는가?
6. 조직은 모니터링 및 측정장비를 규정에 따라 교정 또는 검증하고 있는가?
7. 조직은 법적 요구사항 및 기타 요구사항을 준수하는지 평가하기 위한 프로세스를 수립하고 실행 및 유지 관리하고 있는가?
8. 프로세스가 계획대로 실행되었음을 확인할 수 있는 문서화된 정보는 무엇인가?

≡ 증빙

안전보건점검 및 측정계획, 안전보건 관리 체크리스트, 준수 평가계획, 준수 평가 체크리스트, 모니터링 및 측정 장비 검 교정 자료 등

9.2 내부심사

9.2.1 일반사항

조직은 OH&S 경영시스템이 다음 사항에 대한 정보를 제공하기 위하여, 계획된 주기로 내부심사를 수행하여야 한다.

a) 다음 사항에 대한 적합성 여부
  1) OH&S 방침 및 OH&S 목표를 포함한 OH&S 경영시스템에 대한 조직 자체 요구사항
  2) 이 표준의 요구사항
b) 효과적으로 실행되고 유지되는 지 여부

9.2.2 내부심사 프로그램

조직은 다음 사항을 실행하여야 한다.

a) 빈도, 방법, 책임, 협의, 요구사항의 기획 및 보고를 포함하는 심사 프로그램의 계획, 수립, 실행 및 유지 그리고 심사 프로그램에는 관련 프로세스의 중요성과 이전 심사 결과를 고려
b) 각 심사 별 심사 기준 및 적용 범위를 규정
c) 심사 프로세스의 객관성과 공평성을 보장하기 위한 심사원의 선정 및 심사 수행
d) 심사 결과가 관련 경영자에게 보고됨을 보장, 관련 심사 결과가 근로자, 존재하는 경우, 근로자 대표 및 기타 관련 이해관계자에게 보고됨을 보장
e) 부적합 사항을 다루고, OH&S 성과를 지속적으로 개선하기 위해 취하는 조치(10 참조)
f) 심사 프로그램 및 심사 결과의 실행 증거로서 문서화된 정보의 보유

비고 심사 및 심사원의 역량에 대한 추가적인 정보는 ISO 19011 참조한다.

요구사항의 취지

조직의 안전보건경영시스템과 관련된 요구사항과 조직 자체의 요구사항을 주기적으로 내부심사를 통하여 점검하라.

주요 체크포인트

1. 조직의 내부심사는 절차에 따라 내부심사를 실시하였는가?
2. 조직의 내부심사는 언제 실시하였는가?
3. 조직의 내부심사 조치사항은 무엇인가?
4. 내부심사원에 대한 평가기준, 평가 실행, 등록이 되어있는가?
5. 등록된 내부심사원이 심사를 실시하였는가?
6. 객관성과 공평성을 위하여 본인의 업무는 심사 배제되어 있는가?
7. 내부심사 결과를 관련 경영자에게 보고하고 있는가?
8. 내부심사 결과를 근로자, 근로자 대표 및 기타 관련 이해관계자에게 보고하고 있는가?
9. 프로세스가 계획대로 실행되었음을 확인할 수 있는 문서화된 정보는 무엇인가?

증빙

연간 내부심사 계획서, 내부심사 실시 통보서, 내부심사 체크리스트, 내부심사 결과보고서, 시정조치요구서, 시정조치 관리대장, 내부심사원 평가기준, 내부심사원 평가서, 내부심사원 등록대장 등

9.3 경영검토/경영평가(management review)

최고경영자는 조직의 OH&S 경영시스템의 지속적인 적절성, 충족성 및 효과성을 보장하기 위하여 계획된 주기로 OH&S 경영시스템을 검토하여야 한다.

경영검토는 다음 사항에 대한 고려사항을 포함하여야 한다.

a) 이전 경영검토에 따른 조치의 상태
b) 다음 사항을 포함한 OH&S 경영시스템과 관련된 외부 및 내부 이슈의 변경
   1) 이해관계자의 니즈 및 기대
   2) 법적 요구사항 및 기타 요구사항
   3) 리스크와 기회
c) OH&S 방침과 OH&S 목표의 충족된 정도
d) 다음의 경향을 포함한 OH&S 성과에 대한 정보
   1) 사건, 부적합, 시정조치 및 지속적 개선
   2) 모니터링 및 측정 결과
   3) 법적 요구사항 및 기타 요구사항의 준수 평가 결과
   4) 심사 결과
   5) 근로자의 협의 및 참여
   6) 리스크와 기회
e) 효과적인 OH&S 경영시스템을 유지하기 위한 자원의 충족성
f) 이해관계자와 관련한 의사소통
g) 지속적 개선을 위한 기회

> 경영검토의 출력 사항에는 다음 사항과 관련된 결정사항이 포함되어야 한다.
>
> - OH&S 경영시스템의 의도된 결과 달성에 있어서 OH&S 경영시스템의 지속적인 적절성, 충족성 및 효과성
> - 지속적 개선 기회
> - OH&S 경영시스템의 변경에 대한 모든 필요성
> - 필요한 자원
> - 필요한 경우, 조치사항
> - OH&S 경영시스템과 다른 비즈니스 프로세스와의 통합을 개선하기 위한 기회
> - 조직의 전략적 방향에 대한 모든 영향
>
> 최고경영자는 경영검토의 관련 출력 사항을 근로자 및 존재하는 경우, 근로자 대표에게 의사소통하여야 한다(7.4 참조).
> 조직은 경영검토 결과의 증거로 문서화된 정보를 보유하여야 한다.

요구사항의 취지

조직의 안전보건경영시스템의 지속적인 적절성, 충족성, 효과성 및 정렬성을 보장하기 위하여 계획된 주기로 조직의 안전보건경영시스템을 검토하라.

주요 체크포인트

1. 경영검토는 절차에 따라 적절하게 실시되었는가?
2. 경영검토는 언제 실시되었는가?
3. 경영검토는 이전 경영검토에 대한 조치의 상태를 고려하고 있는가?
4. 경영검토는 이해관계자의 니즈, 기대의 변화를 고려하고 있는가?
5. 경영검토는 리스크와 기회의 변화를 고려하고 있는가?
6. 경영검토는 안전보건성과에 대한 정보를 고려하고 있는가?
7. 경영검토 결과에는 안전보건경영시스템과 다른 비즈니스 프로세스의 통합을 향상시킬

기회 및 조직의 전략적 방향에 대한 모든 합의를 포함하고 있는가?
8. 조직은 경영검토의 관련 결과물을 근로자 및 근로자 대표(있는 경우)와 의사소통하고 있는가?

≡ **증빙**

경영검토서 등(일부 조직은 사업계획서에 나타내기도 함)

10. 개선

10.1 일반사항

> 조직은 개선의 기회(9 참조)를 결정하고 OH&S 경영시스템의 의도된 결과를 달성하기 위해 필요한 조치를 실행하여야 한다.

∙∙ 요구사항의 취지
조직은 안전보건경영시스템의 의도한 결과를 달성하기 위해 개선의 기회를 규명하고, 필요한 조치를 실행하라.

∙∙ 주요 체크포인트
조직의 안전보건경영시스템의 의도한 결과를 달성하기 위해 개선절차에 따라 개선활동이 실행되고 있는가?

≡ 증빙
개선추진 실적보고서, 개선기회 보고서, 데이터 분석 자료 등

10.2 사건, 부적합 및 시정조치

조직은 사건 및 부적합을 결정하고 관리하기 위해 보고, 조사 및 취한 조치를 포함하는 프로세스를 수립, 실행 및 유지하여야 한다.

사건 또는 부적합이 발생하는 경우, 조직은 다음 사항을 실행하여야 한다.

a) 사건 또는 부적합에 대해 적시에 반응하고, 해당되는 경우 다음을 실행
   1) 관리 및 시정하기 위한 조치를 취함
   2) 결과를 처리
b) 재발하거나 다른 곳에서 발생하지 않기 위해서는 사건 또는 부적합의 근본 원인을 제거하기 위한 시정조치의 필요성을 근로자 참여(5.4 참조) 및 다른 관련 이해관계자를 포함하여 다음 사항과 같이 평가
   1) 사건 조사 또는 부적합을 검토
   2) 사건 또는 부적합의 원인을 결정
   3) 유사한 사건이 발생하는 지, 부적합이 존재하거나 또는 잠재적으로 발생할 수 있는지를 결정
c) 적절한 경우, OH&S 리스크와 기타 리스크에 대한 기존 평가를 검토(6.1 참조)
d) 관리사항의 체계(8.1.2 참조) 및 변경 관리(8.1.3 참조)에 따라 시정조치를 포함하여 필요한 조치를 결정 및 실행
e) 조치를 취하기 이전에, 신규 또는 변경된 유해·위험요인과 관련된 OH&S 리스크를 평가
f) 시정조치를 포함한 취해진 모든 조치의 효과성을 검토
g) 필요한 경우, OH&S 경영시스템을 변경

시정조치는 발생한 사건 또는 부적합의 영향 또는 잠재적 영향에 적절하여야 한다.

> 조직은 다음과 같은 증거로 문서화된 정보를 보유하여야 한다.
>
> - 사건 또는 부적합의 성격 및 취해진 모든 후속적인 조치
> - 효과성을 포함하여 모든 조치 및 시정조치의 결과
>
> 조직은 이 문서화된 정보를 관련 근로자, 존재하는 경우 근로자 대표 및 관련 이해관계자와 의사소통하여야 한다.
>
> 비고   과도한 지체 없이 사건을 보고하고 조사하면 가능한 한 빨리 유해·위험요인이 제거되고, OH&S 리스크를 최소화할 수 있다.

•• 요구사항의 취지

불만족에서 요구되는 부적합 사항과 사건을 파악하고 관리하는 프로세스를 갖추고 실행 및 유지하라.

예)

1. 사건
   1) 부상을 동반하거나 동반하지 않는 동일한 수준의 추락
   2) 부러진 다리
   3) 석면 폐증
   4) 청력 상실
   5) OH&S 리스크를 초래할 수 있는 건물이나 차량의 손상

2. 부적합
   1) 보호 장비가 적절하게 기능하지 못함
   2) 법적 요구사항 및 기타 요구사항을 충족하지 못함
   3) 지켜지지 않는 지시/처방된 절차

3. 시정조치
   1) 유해·위험요인 제거하기
   2) 안전하지 않은 재료를 안전한 재료로 대체하기
   3) 장비 또는 도구의 재설계 또는 개조하기
   4) 절차의 개발
   5) 영향을 받는 근로자의 역량을 개선하기
   6) 사용빈도 바꾸기
   7) 개인보호 장비 사용하기

주요 체크포인트

1. 사건 및 부적합 사항을 파악하고 관리하는 프로세스를 갖추고 있으며 적절한 시기에 대응하고 있는가?
2. 사건 또는 부적합 사항에 대한 시정조치의 필요성 평가에 근로자 및 기타 이해관계자가 참여하고 있는가?

증빙

사고보고서, 사고 조사표, 시정조치요구서, 시정조치 요구 관리대장 등

10.3 지속적 개선

> 조직은 다음 사항을 실행함으로써 OH&S 경영시스템의 적절성, 충족성 및 효과성을 지속적으로 개선하여야 한다.
>
> a) OH&S 성과 향상
> b) OH&S 경영시스템을 지원하는 문화를 증진
> c) OH&S 경영시스템의 지속적 개선을 위한 조치의 실행에 근로자의 참여를 촉진
> d) 지속적 개선의 관련 결과를 근로자 및 존재하는 경우 근로자 대표와 의사소통
> e) 지속적 개선 결과에 대한 증거로서 문서화된 정보를 유지 및 보유

•• 요구사항의 취지

조직은 안전보건경영시스템의 적절성, 충족성 및 효과성을 지속적으로 개선하라.
예)
  a) 신기술
  b) 조직 내부 및 외부의 우수 사례
  c) 이해관계자의 제안 및 권고
  d) 안전보건-관련 이슈의 새로운 지식과 이해
  e) 신규 또는 개선된 재료
  f) 근로자의 능력 또는 역량의 변화
  g) 보다 적은 자원(예: 단순화, 합리화 등)으로 개선된 성과의 달성

•• 주요 체크포인트

1. 조직은 안전보건경영시스템의 적절성, 충족성 및 효과성을 지속적으로 개선하기 위한 계획이 있는가?
2. 안전보건경영시스템의 지속적인 개선을 통해 향상된 안전보건성과를 증명하고 있는가?

3. 지속적 개선을 위한 수집된 데이터의 분석 및 평가가 이루어지고 있는가?

증빙
개선 추진계획서 등

제2장

안전보건경영시스템 구축 실무

1. ISO 안전보건경영시스템 매뉴얼
2. ISO 안전보건경영시스템 절차서
3. ISO 안전보건경영시스템 양식

1. ISO 안전보건경영시스템 매뉴얼

(주)이큐	안전보건경영 매뉴얼	문서번호	EQ-M-001
		제정일	20XX. XX. XX
		개정일	
	표 지	개정번호	01
		PAGE	1/1

주식회사 이큐

구분	작성	검토		승인
날짜				
이름				
서명				

(주)이큐	안전보건경영 매뉴얼	문서번호	EQ-M-010
		제정일	20XX. XX. XX
		개정일	
	목차 및 개정이력	개정번호	01
		PAGE	1/1

목차

순서	제목	제·개정번호	제·개정일자
1	목차 및 제·개정 이력		
2	1. 적용 범위		
3	2. 인용 표준		
4	3. 용어와 정의		
5	4. 조직상황		
6	5. 리더십		
7	6. 기획		
8	7. 지원		
9	8. 운용		
10	9. 성과측정		
11	10. 개선		

[문서 제·개정 이력]

개정차수	제·개정 일자	개정문서	제·개정 내용 및 사유
0	20XX.XX.XX		ISO 45001:2018 안전보건경영시스템 도입 신규 작성
1			
2			
3			

(주)이큐	안전보건경영 매뉴얼	문서번호	EQ-M-0100
		제정일	20XX. XX. XX
		개정일	
	1. 적용 범위	개정번호	01
		PAGE	1/1

본 안전보건경영 매뉴얼은 (주)이큐(이하 "당사"라 한다)의 안전보건경영시스템 문서 중 최상위 문서로서 국제표준인 안전보건경영시스템(ISO 45001:2018)의 요구사항에 따라 작성되고 운영, 유지된다.

본 안전보건경영 매뉴얼은 당사가 수행하는 업무 범위 영역에 대한 조직 관리부터 제품 및 서비스의 기획, 영업, 계약, 자재의 구입 및 제작, 공정수행 및 관련 제품 및 서비스 활동의 수행에 이르기까지 업무범위 전 과정에서 안전보건 활동을 수행하는 임직원을 대상으로 적용하며 모든 이해관계자들로부터 신뢰감을 지속적으로 확보, 개선할 수 있도록 작성, 운영, 유지된다.

(주)이큐	안전보건경영 매뉴얼	문서번호	EQ-M-0200
		제정일	20XX. XX. XX
		개정일	
	2. 인용 표준	개정번호	01
		PAGE	1/1

본 안전보건경영 매뉴얼은 "ISO 45001:2018" 국제규격의 요구사항을 적용하여 작성하였다. 본 안전보건경영 매뉴얼 및 관련 문서는 국제규격의 개정 또는 업무의 개선을 위해 필요한 경우에는 개정된다.

(주)이큐	안전보건경영 매뉴얼	문서번호	EQ-M-0300
		제정일	20XX. XX. XX
		개정일	
	3. 용어의 정의	개정번호	01
		PAGE	1 / 2

본 매뉴얼에서 사용하고 있는 모든 용어는 "ISO 45001:2018"의 정의를 따르며, 정의되지 않은 용어는 관련 법규 및 당사의 제 규정 또는 규칙에서 규정된 정의를 준용한다. 다만, 하부규정에서 필요한 용어의 정의는 별도로 정할 수 있다.

- **조직상황** : 조직의 목표 달성과 개발에 대한 조직의 접근법에 영향을 줄 수 있는 내부 및 외부 이슈의 조합
- **이해관계자** : 의사결정 또는 활동에 영향을 줄 수 있거나, 영향을 받을 수 있거나 또는 그들 자신이 영향을 받는다는 인식을 할 수 있는 사람 또는 조직
- **의사소통(Communication)** : 조직의 구성원들 간의 생각이나 감정 등을 교환하는 총체적인 행위
- **리스크** : 불확실한 영향
- **리스크와 기회** : 잠재적인 부정적인 영향(위협) 그리고 잠재적인 유익한 영향(기회)
- **문서화된 정보** : 조직에 의해 관리되고 유지되도록 요구되는 정보 및 정보가 포함되어 있는 매체
- **전과정** : 천연자원으로부터 원료의 획득 및 생성에서 최종 처분까지 제품(또는 서비스) 시스템의 연속 또는 연결된 단계
- **심사** : 심사 기준에 충족되는 정도를 결정하기 위하여 심사 증거를 수집하고 평가하기 위한 체계적이고 독립적이며 문서화된 프로세스
- **지표** : 조건 또는 운영, 관리 또는 조건의 측정 가능한 표시
- **모니터링** : 시스템, 프로세스 또는 활동의 상황을 결정하는 것
- **고객 요구사항** : 고객의 명시적인 니즈 또는 기대, 일반적으로 묵시적이거나 의무적인 요구 또는 기대
- **문서화된 정보(documented inoformation)** : 조직에 의해 관리되고 유지되도록 요구되는 정보 및 정보가 포함되어 있는 매체

(주)이큐	안전보건경영 매뉴얼	문서번호	EQ-M-0300
		제정일	20XX. XX. XX
		개정일	
	3. 용어의 정의	개정번호	01
		PAGE	2/2

- 안전보건경영시스템(Occupational Health and Hafety management system) : 안전보건 방침을 달성하기 위해 사용되는 경영시스템 또는 경영시스템의 일부
- 준수의무 : 법적 요구사항 및 다른 요구사항으로써, 조직이 준수하여야 하는 법적 요구사항 그리고 조직이 준수하여야 하는 또는 준수하기로 선택한 다른 요구사항
- 법적 요구사항 및 기타 요구사항 : 준수의무를 포함한 단체협약 조항, 관행에 따라 근로자 대표를 결정하는 요구사항 등이 포함된 요구사항
- 근로자(Woker) : 조직의 관리하에서 업무/작업 또는 업무 관련 활동을 수행하는 인원/사람
- 참여(Participation) : 의사결정 과정에의 참여(Involvement)
- 협의(Consultation) : 의사결정을 내리기 전에 의견을 구함
- 작업장(Workplace) : 인원이 업무 목적으로 근무하거나 업무를 위하여 이동할 필요가 있는 조직의 관리하에 있는 장소
- 계약자(Contractor) : 합의된 계약서, 규정 및 조건에 따라 조직에 서비스를 제공하는 외부 조직
- 상해/부상 및 건강상 장해(Injury and Ill Health) : 사람의 신체적, 정신적 또는 인지적 상태에 대한 악영향
- 위험요인(Hazard) : 상해 및 건강상 장해를 가져올 잠재적인 요인
- 사건(Incident) : 상해 및 건강상 장해를 초래하거나, 초래할 수 있는 작업으로부터 일어나는, 또는 작업 중에 발생한 것

(주)이큐	안전보건경영 매뉴얼	문서번호	EQ-M-0400
		제정일	20XX. XX. XX
		개정일	
	4. 조직상황	개정번호	01
		PAGE	1/3

1. 조직과 조직상황의 이해

1.1 조직은 목적과 관련이 있는 외부와 내부 이슈 그리고 조직의 안전보건경영시스템의 의도된 결과를 달성하기 위한 조직의 능력에 양행을 주는 외부와 내부 이슈를 정하여야 한다.

1.2 외부 및 내부상황에 대한 이해는 다음 사항을 고려한다.
  a) 외부 이슈
   1) 국제적, 국가적, 지역적 또는 지역적 여부이던 간에 문화적, 사회적, 정치적, 법적, 재정적, 기술적, 경제적 및 자연적 환경 및 시장 경쟁
   2) 새로운 경쟁자, 계약자, 협력업체, 공급자, 파트너 및 제공자, 새로운 기술, 새로운 법률 및 새로운 직종의 등장
   3) 제품에 대한 새로운 지식과 안전보건에 대한 영향
   4) 조직에 영향을 미치는 산업 또는 부문과 관련된 핵심 동향 및 추세
   5) 외부 이해관계자와의 관계, 인식 및 가치
   6) 위의 모든 것과 관련된 변경
  b) 내부 이슈
   1) 지배구조, 조직구조, 역할 및 책무
   2) 방침, 목표 및 이를 달성하기 위한 전략
   3) 자원, 지식 및 역량의 관점에서 이해되는 능력
   4) 정보 시스템, 정보의 흐름 및 의사 결정 프로세스
   5) 새로운 제품, 재료, 서비스, 도구, 소프트웨어, 건물 및 장비의 도입
   6) 근로자와의 관계, 근로자의 인식 및 가치
   7) 조직문화
   8) 조직이 채택한 표준, 지침 및 모델
   9) 외주처리 된 활동을 포함한 계약 관계의 형태와 정도

(주)이큐	안전보건경영 매뉴얼	문서번호	EQ-M-0400
		제정일	20XX. XX. XX
		개정일	
	4. 조직상황	개정번호	01
		PAGE	2 / 3

    10) 근무시간 조정
    11) 근로조건
    12) 위의 모든 것과 관련된 변경

2. 근로자 및 기타 이해관계자의 니즈와 기대 이해

2.1 조직은 다음 사항을 정하여야 한다.
    a) 안전보건경영시스템과 관련이 있는 근로자 및 기타 이해관계자
    b) 근로자 및 기타 이해관계자의 니즈와 기대(요구사항)
    c) 이러한 니즈와 기대 중 법적 요구사항 및 기타 요구사항

2.2 근로자 이외에 이해관계자는 다음을 포함할 수 있다.
    a) 법적 및 규제 당국(지방, 지역, 주/도, 국내 또는 국제)
    b) 모기업
    c) 공급자, 계약자 및 하도급업자
    d) 근로자 대표
    e) 근로자 조직 및 고용주 조직
    f) 오너, 주주, 고개, 방문객, 지역사회 및 조직과 일반 대중
    g) 고객, 의료 및 기타 지역 사회 서비스, 언론, 학계, 비즈니스 협회 및 비정부기구
    h) 산업안전보건 조직과 산업안전과 건강관리 전문가

3. 안전보건경영시스템 적용 범위 결정

3.1 조직은 적용 범위를 규정하기 위해 안전보건경영시스템의 경계와 적용 가능성을 결정해야 한다.

(주)이큐	안전보건경영 매뉴얼	문서번호	EQ-M-0400
		제정일	20XX. XX. XX
		개정일	
	4. 조직상황	개정번호	01
		PAGE	3 / 3

3.2 이 적용 범위를 결정할 때, 조직이 고려해야 하는 것은 다음과 같다.
    a) 4.1에 언급된 외부 및 내부 이슈의 고려
    b) 4.2에 언급된 요구사항의 반영
    c) 계획되거나 수행된 작업 관련 활동의 반영

3.3 조직의 안전보건경영시스템 성과에 영향을 줄 수 있는, 조직의 관리 또는 영향 내에 있는 활동, 제품 및 서비스를 포함하여야 한다.

3.4 적용 범위는 문서화된 정보로 이용하고 유지할 수 있어야 한다.

4. 안전보건경영시스템

4.1 조직은 본 국제 규격의 요구사항에 따라 필요한 프로세스와 그 프로세스의 상호작용을 포함하여 안전보건경영시스템을 수립, 이행, 유지 및 지속적으로 개선해야 한다.

4.2 조직은 다음 사항에 대한 세부사항 및 정도의 수준을 포함하여 이 표준의 요구사항을 충족시키는 방법을 결정하기 위하여 권한, 책무 및 자율성을 보유해야 한다.
    a) 계획대로 관리되고 수행되며 안전보건경영시스템의 의도된 결과를 달성한다는 확신을 갖기 위해 하나 이상의 프로세스를 수립
    b) 다양한 비지니스 프로세스(예: 설계 및 개발, 조달, 인적 자원 및 판매와 마케팅)에 안전보건경영시스템의 요구사항을 통합

5. 관련 문서

EQ-P-410 조직상황 이해 및 안전보건경영시스템 운영 절차서

(주)이큐	안전보건경영 매뉴얼	문서번호	EQ-M-0500
		제정일	20XX. XX. XX
		개정일	
	5. 리더십 및 근로자 참여	개정번호	01
		PAGE	1 / 4

1. 리더십과 의지 표명

1.1 최고경영자는 안전보건경영시스템에 대한 리더십과 의지 표명/실행의지를 다음 사항에 의해 실증하여야 한다.

   a) 안전하고 건강한 작업장 및 활동의 제공뿐만 아니라 작업과 관련된 상해 및 건강 장해 예방을 위한 전반적인 책임과 책무를 진다.

   b) 안전보건방침 및 관련된 안전보건목표가 수립되고 조직의 전략적 방향과 조화됨을 보장한다.

   c) 안전보건경영시스템 요구사항이 조직의 비즈니스 프로세스와 통합됨을 보장한다.

   d) 안전보건경영시스템의 수립, 실행, 유지 및 개선을 위하여 필요한 자원의 가용성을 보장한다.

   e) 효과적인 안전보건경영의 중요성 그리고 안전보건경영시스템 요구사항과의 적합성에 대한 중요성 의사소통

   f) 안전보건경영시스템이 의도된 결과를 달성함을 보장한다.

   g) 안전보건경영시스템의 효과성에 기여하도록 인원을 지휘하고 지원한다.

   h) 지속적인 개선을 보장하고 촉진한다.

   i) 기타 관련 경영자/책임자의 책임 분야에 리더십이 적용될 때, 그들의 리더십을 실증하도록 그 경영자 역할에 대한 지원

   j) 안전보건경영시스템의 의도된 결과를 지원하는 조직 문화를 개발, 선도 및 촉진한다.

   k) 사건, 유해·위험요인, 리스크와 기회를 보고하는 경우 보복으로부터 근로자를 보호한다.

   l) 조직이 근로자의 협의 및 참여를 위한 프로세스를 수립하고 실행을 보장한다.

   m) 안전보건위원회 설립 및 기능을 지원한다.

	안전보건경영 매뉴얼	문서번호	EQ-M-0500
(주)이큐		제정일	20XX. XX. XX
		개정일	
	5. 리더십 및 근로자 참여	개정번호	01
		PAGE	2 / 4

2. 안전보건방침

2.1 최고경영자는 다음과 같은 안전보건방침을 수립, 실행 및 유지하여야 한다.
   a) 작업 관련 상해 및 건강 장해의 예방을 위한 안전하고 건강한 근로조건을 제공하기 위한 의지 표명을 포함하고 조직의 목적, 규모 및 상황 그리고 안전보건 리스크와 기회의 특정한 성질에 적절함
   b) 안전보건목표를 설정하고 검토하도록 틀을 제공
   c) 법적 요구사항 및 기타 요구사항의 충족에 대한 의지 표명을 포함한다.
   d) 유해 보복으로부터 위험요인을 제거하고 안전보건 리스크를 감소하기 위한 의지 표명을 포함한다.
   e) 안전보건경영시스템의 지속적 개선에 대한 의지 표명을 포함한다.
   f) 근로자 및 근로자 대표(있는 경우)의 협의와 참여에 대한 의지 표명을 포함한다.

2.2 안전보건방침은 다음과 같이 되어야 한다.
   a) 문서화된 정보로 이용할 수 있어야 한다.
   b) 조직 내에 의사소통되며 이해되고 적용되어야 한다.
   c) 해당하는 경우, 이해관계자들이 이용할 수 있어야 한다(예: 홈페이지 게시 등).
   d) 관련되고 적절해야 한다.

3. 조직의 역할, 책임 및 권한

3.1 최고경영자는 안전보건경영시스템에 관련된 역할에 대한 책임과 권한이 조직 내 모든 계층에서 부여되고 의사소통되며, 문서화된 정보로 유지됨을 보장하여야 한다.

3.2 조직 각 계층의 근로자는 자신이 관리하는 안전보건경영시스템의 측면에 대한 책임을 져야 한다.

(주)이큐	안전보건경영 매뉴얼	문서번호	EQ-M-0500
		제정일	20XX. XX. XX
		개정일	
	5. 리더십 및 근로자 참여	개정번호	01
		PAGE	3 / 4

3.3 최고경영자는 다음을 위한 책임과 권한을 부여해야 한다.
   a) 안전보건경영시스템이 본 규격의 요구사항에 적합함을 보장
   b) 안전보건경영시스템의 성과를 최고경영자에게 보고

3.4 최고경영자는 안전보건관리자를 지명하여야 한다.
최고경영자는 다른 책임과 무관하게 당사의 경영자/관리자 중 특정 사람(들)에게 다음 사항을 포함하는 책임과 권한을 위임하여 안전보건관리자를 지명한다.
   1) 안전보건경영시스템의 규격에 따라 요구사항이 수립, 실행하고 유지됨을 보장
   2) 안전보건경영시스템의 개선을 위한 기초 자료로 활용할 수 있도록 안전보건경영시스템의 운영성과를 최고경영자에게 보고

3.5 근로자는 유해 보복으로부터 위험한 상황에 대해 보고하여 조치를 취할 수 있어야 하며, 이에 따른 해고, 징계 또는 기타 보복의 위협이 없어야 한다.

4. 근로자의 협의와 참여

4.1 조직은 안전보건경영시스템의 개발, 기획, 실행, 성과평가 및 개선을 위한 조치에 대하여 모든 적용 가능한 계층과 기능의 근로자와 근로자 대표(있는 경우)의 협의와 참여를 위한 프로세스를 수립, 실행 및 유지하여야 한다.

4.2 조직은 다음 사항을 하여야 한다.
   a) 협의 및 참여를 위하여 필요한 메커니즘, 시간, 교육훈련 및 자원을 제공
   b) 안전보건경영시스템에 대하여 명확하고 이해될 수 있으며 관련된 정보에 시기적절한 접근 제공
   c) 참여에 대한 장애 또는 장벽을 결정하여 제거하며 제거할 수 없는 것을 최소화

(주)이큐	안전보건경영 매뉴얼	문서번호	EQ-M-0500
		제정일	20XX. XX. XX
		개정일	
	5. 리더십 및 근로자 참여	개정번호	01
		PAGE	4 / 4

d) 관리자가 아닌 근로자가 다음 사항에 대하여 협의하도록 강조
  1) 이해관계자의 니즈와 기대를 결정
  2) 안전보건경영시스템 방침 수립
  3) 적용되는 바에 따라 조직의 역할, 책임 및 권한을 부여
  4) 법적 및 기타 요구사항을 충족시키는 방법을 결정
  5) 안전보건목표 수립과 목표 달성 기획
  6) 외주처리, 조달 및 계약자에 대하여 적용 가능한 관리 방법 결정
  7) 모니터링, 측정 및 평가가 필요한 것 결정
  8) 심사 프로그램의 기획, 수립, 실행 및 유지
  9) 지속적 개선 보장

e) 관리자가 아닌 근로자가 다음 사항에 참여하도록 강조
  1) 그들의 협의와 참여를 위한 메커니즘 결정
  2) 유해·위험요인을 파악하고 리스크와 기회를 평가
  3) 유해·위험요인을 제거하고 안전보건 리스크를 감소하기 위한 조치 결정
  4) 역량 요구사항, 교육훈련 필요성, 교육훈련 및 교육훈련 평가의 결정
  5) 의사소통이 필요한 것과 의사소통 방법을 결정
  6) 관리 수단의 효과적인 실행 및 사용 결정
  7) 사건 및 부적합의 조사 그리고 시정조치 결정

5. 관련 문서

  1) EQ-P-510 리더십 및 방침 수립 절차서
  2) EQ-P-520 조직 및 업무 분장 절차서

(주)이큐	안전보건경영 매뉴얼 6. 기획	문서번호	EQ-M-0600
		제정일	20XX. XX. XX
		개정일	
		개정번호	01
		PAGE	1/4

1. 리스크와 기회를 다루는 조치

1.1 안전보건경영시스템을 기획할 때 조직은 4.1항의 이슈들과 4.2항, 4.3항의 요구사항들을 고려하여, 다음과 같은 목적을 위해 대처해야 할 리스크와 기회를 파악한다.

 a) 안전보건경영시스템이 의도했던 결과를 달성할 수 있도록 보장

 b) 유익하지 않은 영향을 방지하거나 완화

 c) 지속적 개선을 달성

 d) 안전보건경영시스템에 대한 리스크와 기회 그리고 다루어야 할 필요가 있는 의도된 결과를 결정할 때 다음 사항을 반영해야 한다.

  1) 유해·위험요인

  2) 안전보건 리스크 및 기타 리스크

  3) 안전보건 기회 및 기타 기회

  4) 법적 요구사항 및 기타 요구사항

 e) 조직은 기획 프로세스에서 조직, 프로세스 또는 안전보건경영시스템에서의 변경과 연관된 안전보건경영시스템의 의도된 결과와 관련된 리스크와 기회를 정하고 평가하여야 한다.

 f) 계획된 변경의 경우, 영구적이든 또는 임시적이든, 이러한 평가는 변경이 실행되기 전에 수행되어야 한다.

 g) 다음 사항에 대하여 문서화된 정보를 유지하여야 한다.

  1) 리스크와 기회

  2) 프로세스와 조치가 계획된 대로 수행된다는 확신을 갖는데 필요한 정도까지 리스크와 기회를 결정하고 다루기 위해 필요한 프로세스와 조치

	안전보건경영 매뉴얼	문서번호	EQ-M-0600
(주)이큐		제정일	20XX. XX. XX
		개정일	
	6. 기획	개정번호	01
		PAGE	2 / 4

1.2 유해·위험요인 파악 및 리스크와 기회의 평가

  1.2.1 유해·위험요인 파악

    a) 작업구성 방법, 사회적 요소(작업량, 작업시간, 희생시킴, 괴롭힘 및 따돌림 포함), 리더십, 및 조직 문화

    b) 다음으로부터 발생하는 유해·위험요인을 포함하여 일상적 및 비일상적 활동 및 상황

      1) 기반구조, 장비, 재료, 물질 및 작업장의 물리적 조건

      2) 제품 및 서비스 설계, 연구, 개발, 시험, 생산, 조립, 건설, 서비스 인도, 유지보수 및 폐기

      3) 인적요인

      4) 작업 수행 방법

    c) 비상 및 그 원인을 포함하여, 조직에 대해 내부 또는 외부의 과거 관련 사건

    d) 잠재적 비상상황

    e) 인원

      1) 근로자, 계약자, 방문객 및 기타 인원을 포함하여 작업장 및 업무 활동에 접근할 수 있는 인원

      2) 조직의 활동에 의해 영향을 받을 수 있는 작업장 주변 인원

      3) 조직이 직접 관리하지 않는 장소에 있는 근로자

    f) 기타 이슈

      1) 관련 근로자의 니즈와 능력에 대한 그들의 적응을 포함하여, 작업 구역, 프로세스

      2) 조직의 관리하에 있는 작업 관련 활동으로 인해 작업장 인근에서 발생하는 상황

      3) 조직에 의해 관리되지 않고 작업장 인근에서 발생하는 상황으로 작업장에 있는 사람에게 상해 및 건강 장해를 야기할 수 있는 상황

    g) 조직, 운용, 프로세스, 활동 및 안전보건경영시스템에서의 실제 또는 제안된 변경

    h) 유해·위험요인에 대한 지식 및 정보의 변경

  1.2.2 안전보건 리스크의 평가 및 안전보건경영시스템에 대한 기타 리스크의 평가

    a) 현재 관리사항의 효과성을 반영하는 동시에 파악된 유해·위험요인으로부터 안전보건 리스크를 평가

(주)이큐	안전보건경영 매뉴얼	문서번호	EQ-M-0600
		제정일	20XX. XX. XX
		개정일	
	6. 기획	개정번호	01
		PAGE	3 / 4

  b) 안전보건경영시스템의 수립, 실행, 운용 및 유지와 관련된 기타 리스크를 결정 및 평가

1.2.3 안전보건 기회의 평가 및 안전보건경영시스템에 대한 기타 기회의 평가

조직, 방침, 프로세스 또는 활동에 대한 계획된 변경을 반영하는 동시에 안전보건 성과를 향상시키기 위한 안전보건 기회 그리고 다음 기회

  1) 근로자에게 작업, 작업 구성 및 작업환경을 적용하기 위한 기회
  2) 유해·위험요인을 제거하고 안전보건 리스크를 감소하기 위한 기회
  3) 안전보건경영시스템 개선을 위한 기타 기회

1.3 법적 요구사항 및 기타 요구사항의 결정

  a) 유해·위험요인, 안전보건 리스크 및 안전보건경영시스템에 적용할 수 있는 최신 법적 요구사항 및 기타 요구사항의 결정과 이용/접근
  b) 이러한 법적 요구사항 및 기타 요구사항이 어떻게 조직에 적용되고 무엇이 의사소통될 필요가 있는지 결정
  c) 안전보건경영시스템을 수립, 실행, 유지 및 지속적으로 개선할 때 이러한 법적 요구사항 및 기타 요구사항 반영

1.4 조치의 기획

  a) 다음 사항에 대한 조치
    1) 리스크와 기회를 다룸
    2) 법적 요구사항 및 기타 요구사항을 다룸
    3) 비상상황에 대한 대비 및 대응
  b) 다음 사항에 대한 방법
    1) 조치를 안전보건경영시스템 프로세스 또는 기타 비즈니스 프로세스에 통합하고 실행
    2) 이러한 조치의 효과성을 평가

	안전보건경영 매뉴얼	문서번호	EQ-M-0600
(주)이큐		제 정 일	20XX. XX. XX
		개 정 일	
	6. 기획	개정번호	01
		PAGE	4 / 4

2. 안전보건목표와 목표 달성 기획

2.1 조직은 안전보건경영시스템 및 안전보건성과를 유지하고 지속적으로 개선하기 위해 관련 기능과 계층에서 안전보건목표를 수립하여야 한다.
   a) 안전보건방침과 일관성이 있어야 한다.
   b) 측정 가능해야 한다.
   c) 적용되는 요구사항을 고려해야 한다.
   d) 리스크와 기회의 평가 결과
   e) 근로자 및 근로자 대표와 협의 결과
   f) 모니터링되어야 함
   g) 의사소통되어야 함
   h) 필요에 따라 갱신되어야 함

2.2 안전보건목표를 어떻게 달성할 것인지 기획할 때 다음 사항을 결정하여야 한다.
   a) 무엇을 이룰 것인가?
   b) 어떤 자원을 필요로 하는 것인가?
   c) 누가 책임을 맡을 것인가?
   d) 언제 완료될 것인가?
   e) 모니터링을 위한 자료를 포함하여, 결과를 어떻게 평가할 것인가?
   f) 안전보건목표 달성을 위한 조치가 조직의 비즈니스 프로세스에 어떻게 통합될 것인가?

3. 관련 문서

   1) EQ-P-610 기획 및 리스크 관리 절차서
   2) EQ-P-620 위험성 평가 절차서
   3) EQ-P-630 안전보건법규 관리 절차서
   4) EQ-P-640 안전보건목표 기획 절차서

(주)이큐	안전보건경영 매뉴얼	문서번호	EQ-M-0700
		제정일	20XX. XX. XX
		개정일	
	7. 지원	개정번호	01
		PAGE	1/4

1. 자원

1.1 조직은 안전보건경영시스템의 수립, 실행, 유지 및 지속적 개선에 필요한 자원을 정하고 제공하여야 한다.

2 역량/적격성

2.1 조직은 다음 사항을 이행해야 한다.
   a) 안전보건경영시스템의 성과에 영향을 미치거나 미칠 수 있는 근로자의 필요 역량을 결정
   b) 근로자가 적절한 학력, 교육훈련 또는 경험에 근거하여 역량이 있음을 보장
   c) 적용 가능한 경우, 필요한 역량을 확보하고 유지하기 위한 조치를 취하고, 취해진 조치의 효과성을 평가
   d) 역량의 증거로 적절한 문서화된 정보를 보유

3. 인식

3.1 근로자가 다음 사항을 인식하도록 하여야 한다.
   a) 안전보건방침과 안전보건목표
   b) 개선된 안전보건성과의 이점을 포함하여, 안전보건경영시스템의 효과성에 대한 자신의 기여
   c) 안전보건경영시스템의 요구사항에 적합하지 않은 경우의 영향 및 잠재적 결과
   d) 근로자와 관련이 있는 사건 및 조사 결과
   e) 근로자와 관련이 있는 유해·위험요인, 안전보건 리스크 및 결정된 조치
   f) 근로자가 자신의 생명 또는 건강에 긴급하고 심각한 위험을 초래할 것이라고 생각하는 작업 상황에서 스스로 벗어날 수 있는 능력 그리고 그렇게 하는 것에 대한 부당한 결과로부터 자신을 보호하기 위한 준비사항

	안전보건경영 매뉴얼	문서번호	EQ-M-0700
(주)이큐		제정일	20XX. XX. XX
		개정일	
	7. 지원	개정번호	01
		PAGE	2 / 4

4. 의사소통

4.1 일반사항

　a) 조직은 다음 사항을 정하는 것을 포함하여, 안전보건경영시스템에 관련되는 내부 및 외부 의사소통에 필요한 프로세스 수립, 실행 및 유지하여야 한다.

　　1) 무엇에 대해 의사소통할 것인가?
　　2) 언제 의사소통할 것인가?
　　3) 누구와 의사소통할 것인가?
　　　 - 조직 내부의 다양한 계층과 기능
　　　 - 계약자와 작업장 방문자 간
　　　 - 기타 이해관계자
　　4) 어떻게 의사소통할 것인가?

　b) 의사소통 니즈를 고려할 때, 다양성 측면(성별, 언어, 문화, 장애)들을 반영하여야 한다.

　c) 의사소통 프로세스를 수립할 때, 다음 사항을 실행하여야 한다.

　　1) 법적 요구사항 및 기타 요구사항의 반영
　　2) 의사소통되는 안전보건정보가 안전보건경영시스템 내에서 생성된 정보와 일관성이 있고, 신뢰할 수 있음을 보장

　d) 조직은 조직의 안전보건경영시스템과 관련된 의사소통에 대응하여야 한다.

　e) 조직은 적용 가능할 경우 조직의 의사소통의 증거를 문서화된 정보로 보유하여야 한다.

4.2 내부 의사소통

조직은 다음을 실행하여야 한다.

　　1) 조직의 다양한 계층과 기능 간에, 해당되는 경우, 안전보건경영시스템의 변경을 포함하여, 안전보건경영시스템에 관련된 정보를 내부적으로 의사소통

　　2) 조직의 의사소통 프로세스를 통하여 근로자가 지속적 개선에 기여할 수 있다는 것을 보장

(주)이큐	안전보건경영 매뉴얼 7. 지원	문서번호	EQ-M-0700
		제 정 일	20XX. XX. XX
		개 정 일	
		개정번호	01
		PAGE	3 / 4

4.3 외부 의사소통
조직은 정해진 조직의 의사소통 프로세스에 따라 그리고 준수 의무사항에서 요구하는 대로 안전보건경영시스템 관련 정보를 외부에 의사소통하여야 한다.

5. 문서화된 정보

5.1 일반사항
 a) 조직의 안전보건경영시스템은 다음 사항을 포함해야 한다.
  1) 본 국제 규격이 요구하는 문서화된 정보
  2) 조직이 안전보건경영시스템의 효과성을 위해 필요하다고 결정한 문서화된 정보
 b) 안전보건경영시스템에 대한 문서화된 정보의 규모는 다음과 같은 이유 때문에 조직마다 다를 수 있다.
  1) 조직의 규모 및 활동, 프로세스, 제품 및 서비스의 유형
  2) 프로세스의 복잡성 및 그들의 상호작용
  3) 준수 의무사항 충족에 대한 입증 필요성
  4) 인원의 적격성

5.2 작성 및 갱신
문서화된 정보의 작성 및 업데이트 시에 보장해야 할 사항은 다음과 같다.
 a) 적절한 식별 및 기술(예: 제목, 일자, 저자, 참조번호)
 b) 형식(예: 언어, 소프트웨어 버전, 그래픽) 및 매체(예: 종이, 전자)
 c) 적합성과 적절성에 대한 검토 및 승인

5.3 문서화된 정보의 관리
 a) 안전보건경영시스템과 본 국제 규격이 요구하는 문서화된 정보는 다음과 같은 목적이 보장되도록 관리되어야 한다.

(주)이큐	안전보건경영 매뉴얼 7. 지원	문서번호	EQ-M-0700
		제정일	20XX. XX. XX
		개정일	
		개정번호	01
		PAGE	4 / 4

    1) 문서화된 정보가 필요한 곳에서 필요한 시기에 이용할 수 있고 사용하기에 적합해야 한다.
    2) 문서화된 정보를 적절하게 보호해야 한다(예: 기밀 손실, 부적절한 사용, 완전성 상실).
  b) 문서화된 정보의 관리를 위하여 조직은 해당되는 다음 활동들을 다루어야 한다.
    1) 배포, 접근, 검색 및 사용
    2) 보관 및 보존(가독성의 보존 포함)
    3) 변경 관리(예: 버전 관리)
    4) 보존 및 폐기
  c) 조직은 안전보건경영시스템의 계획과 운영에 필요하다고 결정한 외부 출처의 문서화된 정보도 적절하게 식별 및 관리해야 한다.

6. 관련 문서

  1) EQ-P-710 자원관리 절차서
  2) EQ-P-720 교육 및 훈련 관리 절차서
  3) EQ-P-730 인식 및 의사소통 절차서
  4) EQ-P-740 문서화 정보 관리 절차서

	안전보건경영 매뉴얼	문서번호	EQ-M-0800
(주)이큐		제정일	20XX. XX. XX
		개정일	
	8. 운용	개정번호	01
		PAGE	1 / 3

1. 운영 기획 및 관리

1.1 조직은 조직의 다음 사항을 통하여, 안전보건경영시스템의 요구사항을 충족하기 위해 필요한 그리고 6절에서 정한 조치를 실행하기 위해 필요한 프로세스를 계획, 실행, 관리 및 유지하여야 한다.

　a) 프로세스에 대한 기준 수립
　b) 기준에 따른 프로세스의 관리 실행
　c) 프로세스가 계획대로 수행되었음을 확신하기 위해 필요한 정도로 문서화된 정보를 유지하고 보유
　d) 근로자에게 작업 적용
　e) 복수 사업주의 작업장에서, 조직은 안전보건경영시스템의 관련된 부분을 다른 조직과 조정하여야 한다.

1.2 조직은 조직의 다음의 "관리 체계/순서"를 활용하여 유해·위험요인을 제거하고 안전보건 리스크를 감소하기 위한 프로세스를 수립, 실행 및 유지하여야 한다.

　a) 유해·위험요인 제거
　b) 유해·위험요인이 더 적은 프로세스, 운영, 재료 또는 장비로 대체
　c) 기술적 관리 및 작업 재구성 활용
　d) 교육훈련을 포함한, 행정적인 관리 활용
　e) 충분한 개인 보호장비 착용

1.3 조직은 안전보건성과에 영향을 주는 계획된 임시 및 영구적인 변경의 실행과 관리를 위한 프로세스를 수립하여야 한다.

　a) 새로운 제품, 서비스 및 프로세스, 또는 기본 제품, 서비스 및 프로세스의 변경 사항
　　- 작업장 위치와 주변 환경
　　- 작업 조건

(주)이큐	안전보건경영 매뉴얼	문서번호	EQ-M-0800
		제 정 일	20XX. XX. XX
		개 정 일	
	8. 운용	개정번호	01
		PAGE	2 / 3

- 작업 조직
- 장비
- 노동력

b) 법적 요구사항 및 기타 요구사항의 변경

c) 유해·위험요인 및 관련된 안전보건 리스크 대한 지식 또는 정보의 변경

d) 지식과 기술의 개발

e) 의도하지 않은 변경의 영향을 검토해야 하며, 필요에 따라 모든 부정적 영향을 완화하기 위한 조치를 취하여야 한다.

1.4 조달

1.4.1 조직은 조직의 안전보건경영시스템에 대한 제품 및 서비스의 적합성을 보장하기 위해 제품 및 서비스 조달을 관리하는 프로세스를 수립, 실행 및 유지하여야 한다.

1.4.2 조직은 조직의 다음 사항으로부터 발생하는, 유해·위험요인 파악 및 안전보건 리스크를 평가하고 관리하기 위하여 계약자와 조직의 조달 프로세스를 조정하여야 한다.

  a) 조직에 영향을 주는 계약자의 활동과 운영
  b) 계약자의 근로자에게 영향을 주는 조직의 활동과 운용
  c) 작업장에서 기타 이해관계자에게 영향을 주는 계약자의 활동과 운영

1.4.3 조직은 조직의 외주처리 기능 및 프로세스가 관리되는 것을 보장하여야 한다. 조직의 외주처리 준비사항이 법적 요구사항 및 기타 요구사항과 일관되고, 안전보건경영시스템의 의도된 결과의 달성과 일관됨을 보장하여야 한다. 이러한 기능 및 프로세스에 적용될 관리의 유형과 정도는 안전보건경영시스템 내에 정의되어야 한다.

(주)이큐	안전보건경영 매뉴얼	문서번호	EQ-M-0800
		제정일	20XX. XX. XX
		개정일	
	8. 운용	개정번호	01
		PAGE	3 / 3

2. 비상 대비 및 대응

2.1 조직은 6.1.2.1에서 파악한 잠재적인 비상상황에 대비하고 대응하는데 필요한 프로세스를 수립, 실행 및 유지하여야 한다.

   a) 응급조치 제공을 포함하여, 비상상황에 대한 대응계획 수립

   b) 대응 계획에 대한 교육훈련 제공

   c) 대응 계획 능력에 대한 주기적인 시험 및 연습

   d) 시험 후 그리고 특히 비상상황 발생 후를 포함하여, 성과평가 및 필요한 경우 대응 계획의 개정

   e) 모든 근로자에게 자신의 의무와 책임에 관한 정보를 의사소통 및 제공

   f) 계약자, 방문자, 비상 대응 서비스, 정부기관 및 해당되는 경우, 지역사회에게 관련 정보를 의사소통

   g) 모든 관련 이해관계자의 니즈와 능력을 반영하고, 해당되는 경우 대응 계획 개발에 이해관계자의 참여를 보장

2.2 조직은 조직의 잠재적인 비상상황에 대응하기 위한 프로세스 및 계획에 대하여 문서화된 정보를 유지하고 보유하여야 한다.

3. 관련 문서

   1) EQ-P-810 운영기획 및 관리 절차서

   2) EQ-P-820 비상사태 대비 및 대응 절차서

(주)이큐	안전보건경영 매뉴얼	문서번호	EQ-M-0900
		제정일	20XX. XX. XX
		개정일	
	9. 성과평가	개정번호	01
		PAGE	1/4

1. 모니터링, 측정, 분석 및 성과평가

1.1 조직은 조직의 모니터링, 측정, 분석 및 성과평가를 위한 프로세스를 수립, 실행 및 유지하여야 한다.

  a) 다음 사항을 포함하여 필요한 모니터링 및 측정 대상

    1) 법적 요구사항 및 기타 요구사항을 충족한 정도

    2) 파악된 유해·위험요인, 리스크 및 기회와 관련한 조직의 활동 및 운용

    3) 조직의 안전보건목표 달성을 향한 진행 사항

    4) 운용 및 기타 관리 사항의 효과성

  b) 유효한 결과를 보장하기 위해, 적용 가능한 경우, 모니터링, 측정, 분석 및 성과평가 방법

  c) 조직이 조직의 안전보건성과를 평가하기 위한 기준

  d) 모니터링 및 측정을 수행하여야 하는 시기

  e) 모니터링 및 측정 결과를 분석, 평가 및 의사소통 하는 시기

  f) 조직은 모니터링 장비 및 측정 장비가 교정되거나 적용하도록 검증되고, 적절하게 사용되고 유지됨을 보장하여야 한다.

1.2 준수 평가

조직은 조직의 법적 요구사항 및 기타 요구사항을 준수 평가하기 위한 프로세스를 수립, 실행 및 유지하여야 한다.

  1) 준수 평가를 위한 빈도와 방법을 결정

  2) 준수 평가 및 필요하다면 조치를 취함

  3) 법적 요구사항 및 기타 요구사항에 대한 준수 상태에 대한 지식과 이해를 유지

  4) 준수 평가 결과에 대한 문서화된 정보를 보유

(주)이큐	안전보건경영 매뉴얼	문서번호	EQ-M-0900
		제정일	20XX. XX. XX
		개정일	
	9. 성과평가	개정번호	01
		PAGE	2 / 4

2. 내부심사

2.1 조직은 안전보건경영시스템에 대해 다음과 같은 정보를 파악할 수 있도록 계획된 주기로 내부심사를 실시해야 한다.
   a) 다음 사항에 대하여 확인하는지의 여부
      1) 안전보건경영시스템에 대한 조직 자체의 요구사항
      2) 본 국제 규격의 요구사항
   b) 효과적인 시행과 유지

2.2 조직은 다음과 같이 실행해야 한다.
   a) 주기, 방법, 책임, 기획 요구사항 및 보고를 포함한 심사 프로그램을 계획, 수립, 이행 및 유지하고, 심사 프로그램에서는 안전보건목표, 관련된 프로세스의 중요성, 고객 피드백, 조직에 영향을 미치는 변경사항 및 이전 심사의 결과를 고려
   b) 각 심사의 심사 기준 및 적용 범위를 규정
   c) 심사 프로세스의 객관성 및 공평성을 보장할 수 있는 심사원을 선정 및 심사를 수행
   d) 심사 결과가 관련된 경영진에게 보고됨을 보장
   e) 지체 없이 필요한 시정 및 시정조치를 취함
   f) 심사 프로그램의 실행 및 심사 결과의 증거로 문서화된 정보를 보유

3. 경영검토

3.1 최고경영자는 지속적인 적합성, 적절성 및 효과성을 보장하기 위해 계획된 주기로 조직의 안전보건경영시스템을 검토해야 한다.

3.2 경영검토는 다음 사항을 고려하여 계획된 대로 수행해야 한다.
   a) 이전 경영검토에 따른 조치의 상태

	안전보건경영 매뉴얼	문서번호	EQ-M-0900
(주)이큐		제 정 일	20XX. XX. XX
		개 정 일	
	9. 성과평가	개정번호	01
		PAGE	3 / 4

b) 다음 사항을 포함한 안전보건경영시스템과 관련된 외부 및 내부 이슈의 변경
  1) 이해관계자의 니즈 및 기대
  2) 법적 요구사항 및 기타 요구사항
  3) 리스크와 기회
c) 안전보건방침과 안전보건목표의 충족된 정도
d) 다음의 경향을 포함한 안전보건성과에 대한 정보
  1) 사건, 부적합, 시정조치 및 지속적 개선
  2) 모니터링 및 측정 결과
  3) 법적 요구사항 및 기타 요구사항의 준수 평가 결과
  4) 심사 결과
  5) 근로자의 협의 및 참여
  6) 리스크와 기회
  7) 프로세스 성과 및 제품 및 서비스의 적합성
e) 효과적인 안전보건경영시스템을 유지하기 위한 자원의 충족성
f) 이해관계자와 관련한 의사소통
g) 지속적 개선을 위한 기회

3.3 경영검토의 출력에는 다음 사항과 관련된 결정 및 조치가 포함되어야 한다.
  a) 안전보건경영시스템의 의도된 결과 달성에 있어서 안전보건경영시스템의 지속적인 적절성, 충족성 및 효과성
  b) 지속적 개선 기획
  c) 안전보건경영시스템의 변경에 대한 모든 필요성
  d) 필요한 자원
  e) 필요한 경우, 조치사항
  f) 안전보건경영시스템과 다른 비즈니스 프로세스와의 통합을 개선하기 위한 기회
  g) 조직의 전략적 방향에 대한 모든 영향

(주)이큐	안전보건경영 매뉴얼	문서번호	EQ-M-0900
		제정일	20XX. XX. XX
		개정일	
	9. 성과평가	개정번호	01
		PAGE	4 / 4

3.4 조직은 경영검토 결과의 증거로 문서화된 정보를 보존해야 한다.

3.5 최고경영자는 경영검토의 관련 출력 사항을 근로자 및 존재하는 경우, 근로자 대표에게 의사소통하여야 한다.

4. 관련 문서

1) EQ-P-910 프로세스 성과관리 절차서
2) EQ-P-920 안전보건점검 및 측정관리 절차서
3) EQ-P-930 내부심사 절차서
4) EQ-P-940 경영검토 절차서

	안전보건경영 매뉴얼	문서번호	EQ-M-1000
(주)이큐		제정일	20XX. XX. XX
		개정일	
	10. 개선	개정번호	01
		PAGE	1 / 2

1. 일반사항

조직은 개선의 기회를 결정하고 안전보건경영시스템의 의도된 결과를 달성하기 위해 필요한 조치를 실행하여야 한다.

2 사건, 부적합 및 시정조치

2.1 사건 또는 부적합이 발생하는 경우, 조직은 다음과 같은 조치를 취해야 한다.

 a) 사건 또는 부적합에 대한 적시에 반응하고, 해당되는 경우 다음을 실행

  1) 관리와 시정을 위한 조치를 취함
  2) 결과처리

 b) 재발하거나 다른 곳에서 발생하지 않기 위해서는 사건 또는 부적합의 근본 원인을 제거하기 위한 시정조치의 필요성을 근로자 참여 및 다른 관련 이해관계자를 포함하여 다음 사항과 같이 평가

  1) 사건 조사 또는 부적합을 검토
  2) 사건 또는 부적합의 원인을 결정
  3) 유사한 사건이 발생하는 지, 부적합이 존재하거나, 또는 잠재적으로 발생할 수 있는 지를 결정

 c) 적절한 경우 안전보건 리스크와 기타 리스크에 대한 기존 평가를 검토

 d) 관리사항의 체계 및 변경 관리에 따라 시정조치를 포함하여 필요한 조치를 결정 및 실행

 e) 조치를 하기 이전에, 신규 또는 변경된 유해·위험요인과 관련된 안전보건 리스크를 평가

 f) 시정조치를 포함한 취해진 모든 조치의 효과성을 검토

 g) 필요한 경우, 안전보건경영시스템을 변경

2.2 시정조치는 발생한 사건 또는 부적합의 영향 또는 잠재적 영향에 적절하여야 한다.

(주)이큐	안전보건경영 매뉴얼	문서번호	EQ-M-1000
		제정일	20XX. XX. XX
		개정일	
	10. 개선	개정번호	01
		PAGE	2/2

2.3 조직은 다음에 대한 증거로 문서화된 정보를 보존해야 한다.
  a) 사건 또는 부적합의 성격 및 취해진 모든 후속적인 조치
  b) 효과성을 포함하여 모든 조치 및 시정조치의 결과

3. 지속적 개선

3.1 조직은 안전보건경영시스템의 적합성, 적절성 및 효과성을 지속적으로 개선해야 한다.
  a) 안전보건성과 향상
  b) 안전보건경영시스템을 지원하는 문화를 증진
  c) 안전보건경영시스템의 지속적 개선을 위한 조치의 실행에 근로자의 참여를 촉진
  d) 지속적 개선의 관련 결과를 근로자 및 존재하는 경우 근로자 대표와 의사소통
  e) 지속적 개선 결과에 대한 증거로서 문서화된 정보를 유지 및 보유

4. 관련 문서

  1) EQ-P-1010 부적합 및 시정조치 절차서
  2) EQ-P-1020 지속적 개선 절차서

2. ISO 안전보건경영시스템 절차서

(주)이큐	절차서	문서번호	EQ-P-001
		제 정 일	20XX. XX. XX
		개 정 일	
	표 지	개정번호	01
		PAGE	1/1

주식회사 이큐

구분	작성	검토		승인
날짜				
이름				
서명				

(주)이큐	절차서	문서번호	EQ-P-002
		제 정 일	20XX. XX. XX
		개 정 일	
	목차 및 개정이력	개정번호	01
		PAGE	1 / 2

목차

NO	문서번호	문서명	개정번호	제·개정일자	비고
1	EQ-M-01	안전보건경영 매뉴얼			
2	EQ-P-0410	조직상황 이해 및 이해관계자 관리 절차서			
3	EQ-P-0510	리더십 및 방침 수립 절차서			
4	EQ-P-0520	조직 및 업무분장 절차서			
5	EQ-P-0610	기획 및 리스크 관리 절차서			
6	EQ-P-0620	위험성 평가 관리 절차서			
7	EQ-P-0630	안전보건법규 관리 절차서			
8	EQ-P-0640	안전보건목표 관리 절차서			
9	EQ-P-0710	자원관리 절차서			
10	EQ-P-0720	교육 및 훈련 관리 절차서			
11	EQ-P-0730	인식 및 의사소통 절차서			
12	EQ-P-0740	문서화 정보관리 절차서			
13	EQ-P-0810	운영 기획 및 관리 절차서			
14	EQ-P-0820	비상사태 대비 및 대응 절차서			
15	EQ-P-0910	프로세스 성과관리 절차서			
16	EQ-P-0920	안전보건점검 및 측정관리 절차서			
17	EQ-P-0930	내부심사 절차서			
18	EQ-P-0940	경영검토 절차서			
19	EQ-P-1010	사건, 부적합 및 시정조치 절차서			
20	EQ-P-1020	지속적 개선 절차서			
		매뉴얼 1, 절차서 19			

(주)이큐	절차서	문서번호	EQ-P-002
		제 정 일	20XX. XX. XX
		개 정 일	
	목차 및 개정이력	개정번호	01
		PAGE	2 / 2

[문서 제 · 개정 이력]

개정 치수	제 · 개정 일자	개정문서	제 · 개정 내용 및 사유
0	20XX.XX.XX		ISO 45001:2018 안전보건경영시스템 도입 신규 작성
1			
2			
3			

(주)이큐	절차서	문서번호	EQ-P-0410
		제정일	20XX. XX. XX
		개정일	
	조직상황 및 이해관계자 관리	개정번호	01
		PAGE	1 / 8

1. 적용 범위

본 절차서는 조직 내부 및 외부의 안전보건 관련 분석과 이해관계자의 요구와 기대사항을 이해하여 안전보건경영시스템의 적용 범위를 결정하고 안전보건경영시스템에 필요한 프로세스의 적용을 결정하는 절차와 방법에 대하여 적용한다.

2. 목적

본 절차서는 조직 내부 및 외부상황을 정확히 파악하여 이해하고 고객 등 이해관계자의 요구사항과 기대의 이해를 통하여 안전보건경영시스템의 명확한 적용 범위를 결정하고 안전보건경영시스템에 필요한 프로세스를 정확히 파악하여 안전보건경영시스템에서 의도한 결과를 달성하는데 그 목적이 있다.

3. 용어의 정의

3.1 조직의 내부상황

조직의 내부상황은 영업(수주/매출)상황, 이익률, 자금의 흐름, 신용도, 조직 가치/문화/지식, 종업원 의식, 안전보건관리 자원의 필요성, 안전보건 영향 등 현재의 상황과 미래의 추이를 말하며 강점과 약점으로 나타낼 수 있다.

3.2 조직의 외부상황

조직의 외부상황은 국내외의 거시적 경제 상황, 원자재 가격 변동, 환율 변동 등 실물 거래의 상황 및 주요 고객의 경영상황, 협력업체의 경영상황, 경쟁업체의 상황, 거시적 안전보건 상황 및 정책, 주요 고객의 안전보건 관련 요구사항, 정부기관의 안전보건 관련 정책 및 관련법규 변화 등 당사 경영활동과 관련된 현재의 상황과 미래의 추이를 말하며 위기상황과 기회상황으로 나타낼 수 있다.

(주)이큐	절차서	문서번호	EQ-P-0410
		제 정 일	20XX. XX. XX
		개 정 일	
	조직상황 및 이해관계자 관리	개정번호	01
		PAGE	2 / 8

3.3 이해관계자

이해관계자란 당사의 안전보건경영과 관련하여 거래 고객 및 협력업체, 업무와 관련된 정부기관, 가입단체 및 협회, 주변 조직 또는 주민 등을 말한다.

3.4 SWOT 분석

SWOT 분석이란 Strength(강점), Weakness(약점), Opportunity(기회), Threat(위협)의 영문 앞글자를 따서 만든 분석 툴로서 외부요인과 내부요인을 좋은 것(강점)과 나쁜 것(약점)으로 구분하여 분석하며 사업의 기획 및 경영전략을 수립 시 큰 방향성을 찾기 위해 사용된다.

4. 책임과 권한

4.1 최고경영자

최고경영자는 다음과 같이 안전보건경영시스템과 관련한 리더십과 의지를 가질 책임과 권한이 있다.

   1) 조직의 내부 및 외부상황을 파악
   2) 이해관계자의 요구와 기대사항을 파악
   3) 조직의 안전보건경영시스템의 적용 범위의 결정 및 안전보건경영시스템과 프로세스 구축의 최종 책임

4.2 안전관리부서장

안전관리부서장은 4.1항 최고경영자의 안전보건경영시스템과 관련한 책임과 권한 사항에 대하여 최고경영자의 최종 결정을 위해 관련 자료를 각 부서장에게 작성하게 하고 이를 검토 및 종합하여 최고경영자에게 보고할 책임과 권한이 있다.

	절차서	문서번호	EQ-P-0410
(주)이큐		제정일	20XX. XX. XX
		개정일	
	조직상황 및 이해관계자 관리	개정번호	01
		PAGE	3 / 8

4.3 각 부서장

각 부서장은 조직의 상황 이해 프로세스에 따라 경영자가 지시한 해당 사항에 대하여 정보를 수집하고 분석하여 자료를 작성하고 안전관리부서장 또는 최고경영자에게 보고할 책임이 있다.

5. 업무절차

5.1 조직상황 정보수집 및 분석

조직은 안전보건경영시스템에서 의도한 결과의 달성에 대한 영향을 가지는 전략적 방향과 목적에 관련된 내부, 외부 사안들을 결정하기 위하여 조직상황을 이해하여야 하며 조직상황의 이해를 위해 내부상황과 외부상황으로 구분하여 다음과 같이 정보를 수집하고 분석한다.

  5.1.1 내부상황 이해

    1) 내부상황 정보는 다음과 같은 내용의 현재의 상황과 미래 추이의 자료이다.

      (1) 경영상황 : 영업(수주/매출), 이익률, 자금의 흐름, 신용도 등

      (2) 조직상황 : 조직가치, 조직문화, 조직지식, 종업원 의식 등

      (3) 자원상황 : 인력의 과부족, 기반구조(장소, 장비, 지원시스템 등) 등

    2) 안전관리부서장은 내부상황 정보에 대하여 정보를 수집하고 분석할 책임부서를 지정하고 주기적으로 정보를 수집하고 분석하여 보고하도록 한다.

    3) 각 부서장은 지정된 상황 정보에 대하여 주기 및 방법을 정하여 정보를 수집하고 모니터링을 하여 정해진 주기에 따라 안전관리부서장에게 보고한다.

    4) 안전관리부서장은 각 부서장이 보고한 정보자료를 검토하고 종합하여 최고경영자에게 보고한다.

  5.1.2 외부상황 이해

    1) 외부상황 정보는 다음과 같은 내용의 현재의 상황과 미래 추이의 자료이다.

      (1) 경제상황 : 국내, 해외의 거시적 경제상황, 경제성장률, 주식지수 등

	절차서	문서번호	EQ-P-0410
(주)이큐		제정일	20XX. XX. XX
		개정일	
	조직상황 및 이해관계자 관리	개정번호	01
		PAGE	4 / 8

    (2) 실물거래 상황 : 환율, 주요 원자재 가격 등
    (3) 주요 고객의 경영상황 : 중장기사업계획, 주가 변동, 발주물량 변동, 자금결제 변동 등
    (4) 협력업체의 경영상황 : 생산제품/거래업체/시설/종업원의 변동, 자금 흐름 등
    (5) 경쟁업체의 상황 : 생산제품/거래업체/시설/종업원의 변동, 단가의 변동, 시장점유율 등
    (6) 안전보건 상황 : 국내, 해외의 거시적 안전보건변화, 안전보건 관련 협정, 정부기관, 단체의 안전보건 관련 규제 및 정책 변화, 고객의 안전보건경영 관련 정책, 요구사항, 지원사항 등
  2) 안전관리부서장은 외부상황 정보에 대하여 정보를 수집하고 분석할 책임 부서를 지정하고 주기적으로 정보를 수집하고 분석하여 보고하도록 한다.
  3) 각 부서장은 지정된 상황 정보에 대하여 주기 및 방법을 정하여 정보를 수집하고 모니터링을 하여 정해진 주기에 따라 안전관리부서장에게 보고한다.
  4) 안전관리부서장은 각 부서장이 보고한 "내부·외부 이슈사항 파악표(EQ-P-410-01)"의 정보자료를 검토하고 종합하여 최고경영자에게 보고한다.

5.1.3 SWOT 분석
위 5.1.1항 내부상황 및 5.1.2항 외부상황 정보에 대해 종합적으로 분석할 경우에는 양식 "이해관계자 파악표(EQ-P-410-02)"를 사용할 수 있다.

5.2 근로자 및 기타 이해관계자 니즈와 기대 이해
  1) 조직은 고객의 요구와 적용되는 법적 요구사항을 충족할 제품과 서비스를 지속적으로 제공하기 위하여 다음 사항의 정보를 수집하여 파악한다.
    (1) 안전보건경영시스템과 관련이 있는 근로자 및 기타 이해관계자
    (2) 근로자 및 기타 이해관계자의 니즈와 기대(즉, 요구사항)
    (3) 이러한 니즈와 기대 중 법적 요구사항 및 기타 요구사항

(주)이큐	절차서	문서번호	EQ-P-0410
		제정일	20XX. XX. XX
		개정일	
	조직상황 및 이해관계자 관리	개정번호	01
		PAGE	5 / 8

2) 안전관리부서장은 위 1)항에 대하여 정보를 수집하고 파악할 책임 부서를 지정하고 "이해관계자 파악표(EQ-P-410-02)"를 작성하도록 한다.

3) 각 부서장은 지정된 이해관계자의 요구와 기대사항 정보에 대하여 주기 및 방법을 정하여 정보를 수집하고 모니터링을 하여 정해진 주기에 따라 안전관리부서장에게 보고한다.

4) 안전관리부서장은 각 부서장이 보고한 정보자료를 검토하고 종합하여 최고경영자에게 보고한다.

5.3 조직의 상황 판단 결정

1) 안전관리부서장은 5.1항 조직상황 이해 및 5.2항 이해관계자 요구와 기대사항에 대한 파악 및 정보수집 내용 중 시급한 사안에 대해서는 즉시 최고경영자에게 보고하고 관련 부서 회의를 통하여 중장기 사업전략 검토 및 처리사항을 결정한다.

2) 각 부서장은 시급한 사항에 대한 해당 결정사항에 대하여 즉시 조치를 하고 그 결과를 안전관리부서장 및 최고경영자에게 보고한다.

3) 내부, 외부의 조직상황 정보 분석 및 이해관계자 요구와 기대사항 파악 정보 중 시급하지 않는 사안에 대해서는 중장기 사업전략 검토 및 차기연도의 사업계획 수립 시 반영한다.

4) 사업계획서의 작성 및 관리 절차는 "프로세스 성과관리 절차서(EQ-P-910)"에 따른다.

5.4 안전보건시스템 적용 범위 결정

1) 조직은 안전보건경영시스템의 적용 범위를 수립하기 위하여 안전보건경영시스템의 적용 가능성과 그 경계를 결정한다.

2) 안전보건경영시스템의 적용 범위 결정은 다음 사항을 감안한다.
   (1) 내부/외부 조직상황(5.1항 언급사항)
   (2) 이해관계자의 요구사항(5.2항 언급사항)

(주)이큐	절차서	문서번호	EQ-P-0410
		제정일	20XX. XX. XX
		개정일	
	조직상황 및 이해관계자 관리	개정번호	01
		PAGE	6 / 8

3) 안전관리부서장은 2)항 사항을 감안하여 안전보건경영시스템 적용 범위를 결정하고 최고경영자에게 보고하여 승인을 받는다.

5.5 안전보건경영시스템 및 프로세스 결정
　1) 조직은 필요한 프로세스와 그들의 상호작용, ISO 45001:2018의 요구사항 준수를 포함하는 안전보건경영시스템을 수립하고 운영하며 지속적 개선 및 유지를 한다.
　2) 안전보건경영시스템을 기획할 때에는 5.1항 조직상황 이해 및 5.2항 이해관계자 요구와 기대사항을 고려하여 수립하며 적용되는 법규의 안전보건경영시스템 요구사항을 반영한다. 안전보건경영시스템의 기획의 세부사항은 "안전보건경영시스템 기획 절차서(EQ-P-610)"에 따른다.
　3) 안전보건경영시스템에 필요한 프로세스의 결정과 프로세스의 적용은 다음 사항 고려하여 결정한다.
　　(1) 요구되는 입력사항과 해당 프로세스에서 기대되는 출력 사항
　　(2) 프로세스들의 연속성과 상호작용에 대한 결정
　　(3) 효과적인 운영과 프로세스의 관리를 보장하는데 필요한 기준과 방법의 결정
　　(4) 프로세스와 역량 보장에 필요한 자원의 결정
　　(5) 프로세스 운영을 위한 책임과 권한부여
　　(6) 리스크와 기회를 다루기 위한 조치
　　(7) 프로세스들이 의도된 결과를 달성한다는 보장에 필요한 변경사항 수행과 평가
　　(8) 안전보건경영시스템과 프로세스들의 개선
　4) 안전보건경영시스템 수립 및 구성
　　조직의 안전보건경영시스템 수립은 ISO 45001:2018의 요건에 적합하도록 구성되어 있으며, 다음과 같은 문서화 정보 체계를 갖는다.

(주)이큐	절차서	문서번호	EQ-P-0410
		제 정 일	20XX. XX. XX
		개 정 일	
	조직상황 및 이해관계자 관리	개정번호	01
		PAGE	7 / 8

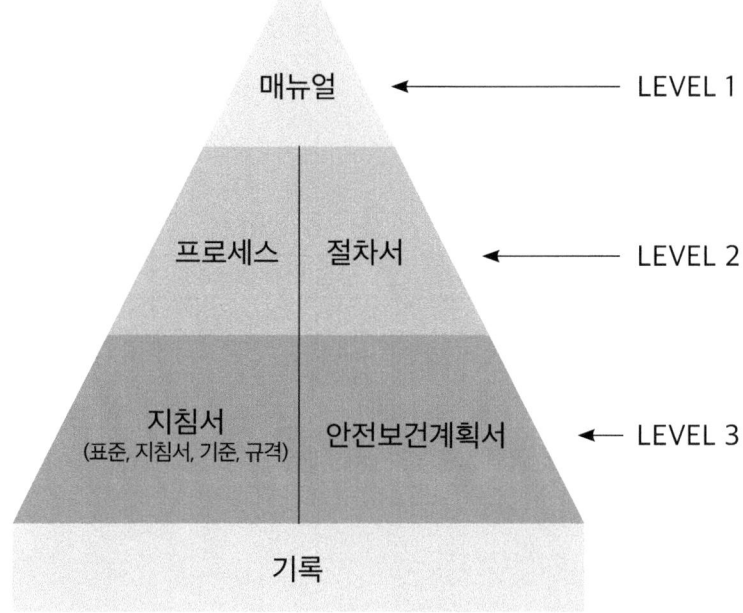

- 안전보건 매뉴얼(LEVEL 1) : 조직의 안전보건방침과 안전보건 보증활동 등을 규정한 최상위 문서
- 안전보건 프로세스, 절차서(LEVEL 2) : 안전보건 매뉴얼에서 규정한 각각의 안전보건 보증활동에 대한 세부적인 업무 수행 기준을 규정한 문서
- 제 표준(LEVEL 3) : 절차서에서 정의된 안전보건경영시스템 활동에 대한 세부적인 업무 수행 기준을 규정한 문서로서 지침서, 규격, 안전보건계획서, 작업표준서, 검사기준서 등을 말한다.
- 안전보건 기록(RECORD) : 해당 문서에 규정된 안전보건경영 활동을 기록한 객관적인 자료

(주)이큐	절차서	문서번호	EQ-P-0410
		제정일	20XX. XX. XX
		개정일	
	조직상황 및 이해관계자 관리	개정번호	01
		PAGE	8 / 8

5.6 안전보건경영시스템 운영 및 개선/유지

안전보건경영시스템 운영 및 개선/유지의 세부사항은 "기획 및 리스크 관리 절차서(EQ-P-610)"에 따른다.

6. 관련 양식

NO	서식명	서식번호	보존연한	보관부서
1	내부외부 이슈사항 파악표	EQP-0410-01		
2	이해관계자 파악표	EQP-0410-02		

(주)이큐	절차서	문서번호	EQ-P-0510
		제정일	20XX. XX. XX
		개정일	
	리더십 및 방침수립	개정번호	01
		PAGE	1 / 4

1. 적용 범위

본 절차서는 조직 최고경영자의 안전보건경영시스템에 대한 리더십과 의지 표명 및 안전보건방침의 수립 절차에 대하여 적용한다.

2. 목적

본 절차서는 최고경영자가 안전보건경영시스템 및 고객중시에 대한 리더십의 의지 표명과 실행의지를 나타냄으로서 제품 및 서비스의 적합성 보장과 고객만족 증진을 보장을 하는 데 그 목적이 있다.

3. 용어의 정의

3.1 리더십
조직의 목표나 내부 구조의 유지를 위하여 조직원 전체가 자발적으로 집단 활동에 참여하여 이를 달성하도록 유도하는 능력

3.2 안전보건방침
최고경영자에 의해 공식적으로 표명된 안전보건 관련 조직의 전반적인 의도 및 방향

4. 책임과 권한

4.1 최고경영자
최고경영자는 다음의 책임과 권한이 있다.
   1) 안전보건경영시스템에 대한 리더십과 의지를 표명하고 실행의지를 실증
   2) 고객중시에 대한 리더십과 의지 표명을 실증
   3) 안전보건방침의 수립 및 조직 내에서 의사소통되고 적용됨을 보장
   4) 조직을 구성하고 조직 내에서 역할에 대한 책임과 권한을 부여

(주)이큐	절차서	문서번호	EQ-P-0510
		제정일	20XX. XX. XX
		개정일	
	리더십 및 방침수립	개정번호	01
		PAGE	2 / 4

5. 업무절차

5.1 리더십과 의지 표명

최고경영자는 다음과 같은 방법으로 안전보건경영시스템과 관련된 리더십과 실행의지를 입증한다.

1) 안전보건경영시스템의 효과성에 대한 책임을 진다.
2) 안전보건경영시스템을 위하여 안전보건방침과 안전보건목표가 수립되고, 조직상황과 전략적 방향에 부합함을 보장한다.
3) 안전보건경영시스템 요구사항이 조직의 비즈니스 프로세스와 통합됨을 보장한다.
4) 프로세스 접근법 및 리스크 기반 사고의 활용을 촉진한다.
5) 안전보건경영시스템에 필요한 자원의 가용성을 보장한다.
6) 안전보건경영의 중요성과 안전보건경영시스템 요구사항과의 적합성에 대한 중요성을 의사소통한다.
7) 안전보건경영시스템이 의도하는 결과를 달성함을 보장한다.
8) 안전보건경영시스템의 효과성에 기여하기 위한 인원을 적극 참여시키고 지휘하며 지원한다.
9) 지속적인 개선을 촉진한다.
10) 경영자/관리자의 리더십이 적용되도록 경영자 역할에 대하여 지원한다.

5.2 안전보건방침의 수립 및 의사소통

1) 최고경영자는 다음과 같은 내용을 고려하여 안전보건방침을 수립한다.
    (1) 조직의 상황(내부, 외부)
    (2) 이해관계자의 요구와 기대
    (3) 안전보건경영시스템 시스템과 수립된 프로세스
    (4) 경영방침 및 중장기 사업 계획

(주)이큐	절차서	문서번호	EQ-P-0510
		제 정 일	20XX. XX. XX
		개 정 일	
	리더십 및 방침수립	개정번호	01
		PAGE	3 / 4

2) 수립된 안전보건방침은 다음 사항을 충족해야 한다.
   (1) 조직의 목적과 상황에 적절하고 전략적 방향을 지원해야 한다.
   (2) 안전보건목표를 수립하는데 기초틀을 제공해야 한다.
   (3) 적용되는 요구사항을 만족한다는 의지를 포함해야 한다.
   (4) 안전보건경영시스템의 지속적인 개선을 위한 의지를 포함해야 한다.
   (5) 안전보건방침은 실현 가능해야 한다.
3) 안전보건방침은 안전보건 매뉴얼에 표기하여 문서화하며 이해관계자가 이용 가능하도록 한다.
4) 안전보건방침은 조직 안에서 의사소통이 이루어지고 이해되고 적용하기 위하여 액자로 제작하여 적절한 곳에 게시하며 각 부서장은 부서원에게 안전보건방침을 이해시킨다.
5) 안전보건방침의 변경은 위 1)항의 상황이 확연히 변경되었을 때 최고경영자가 판단하여 변경할 수 있다. 안전보건방침이 변경되면 위 3), 4)항의 절차에 따라 문서화 및 의사소통을 재 실시한다.

5.3 조직의 역할, 책임 및 권한
   1) 최고경영자는 조직 내에서 관련된 역할에 대한 책임과 권한을 부여하고 의사소통되며, 이해됨을 보장하여야 한다.
   2) 조직 내에서 관련된 역할에 대한 책임과 권한의 부여 사항은 다음 사항을 포함한다.
      (1) 안전보건경영시스템이 국제규격(ISO 45001:2018)의 요구사항에 적합함을 보장
      (2) 프로세스가 의도된 출력을 도출하고 있음을 보장
      (3) 안전보건경영시스템의 성과와 개선 기회를 최고경영자에게 보고
      (4) 안전보건경영시스템의 변경 시 온전성이 유지됨을 보장
   3) 조직 내에서 관련된 역할에 대한 책임과 권한의 세부적인 사항은 "조직 및 업무분장 관리 절차서(EQ-P-520)"에 따른다.

(주)이큐	절차서	문서번호	EQ-P-0510
		제정일	20XX. XX. XX
		개정일	
	리더십 및 방침수립	개정번호	01
		PAGE	4/4

5.4 근로자 참여 및 협의
  1) 최고경영자는 안전보건경영시스템의 개선을 위한 개발, 기획, 실행, 평가 및 조치 등 다음과 같은 작업자의 참여와 협의 프로세스를 수립하고 유지한다.
   - 위험요인 파악, 위험성 평가 및 관리 방법의 결정에 대한 적절한 참여
   - 사전조사에 있어서 적절한 참여
   - 안전보건방침과 목표의 검토 및 개발에 대한 참여
   - 안전보건에 영향을 미치는 어떤 변경사항이 있는 경우 협의
   - 안전보건상의 문제에 대한 표명
  2) 조직의 관리자 및 작업자는 안전보건상의 문제에 대해 그들의 대표자가 누구인지를 포함하여 그들의 참여 계획에 대한 정보를 제공받는다.
  3) 안전보건 관리직 근로자는 비관리직 근로자가 안전보건목표의 달성을 위한 적극적인 참여와 조직에서 결정된 사항에 대하여 이해하고 수용할 수 있도록 근로자와의 의사소통과 교육할 의무가 있다.
  4) 안전보건 관리직 근로자는 기능직 근로자가 안전보건목표의 달성을 위한 적극적인 참여와 조직에서 결정된 사항에 대하여 이해하고 수용할 수 있도록 근로자와의 의사소통과 교육할 의무가 있다.
  5) 조직의 안전보건상의 영향을 미치는 변경사항이 발생할 경우 업체와의 협의를 실시한다.
  6) 조직은 적절한 경우 이해관계자와 관련된 안전보건상의 문제에 대하여 협의된다는 것을 보장하여야 한다.

	절차서	문서번호	EQ-P-0520
(주)이큐		제정일	20XX. XX. XX
		개정일	
	조직 및 업무분장	개정번호	01
		PAGE	1 / 3

1. 적용 범위
본 절차서는 조직의 관리 및 조직별 업무분장에 대하여 적용한다.

2. 목적
본 절차서는 당사의 조직에 대한 관리 및 조직별 업무를 명확히 분장하고 안전보건경영시스템 운영과 관련하여 책임과 권한사항을 규정함으로서 업무를 체계적이고 능률적으로 수행하는데 그 목적이 있다.

3. 용어의 정의

3.1 조직
조직 경영활동을 합리적으로 수행하기 위하여 계통적으로 편성된 업무처리기구와 구성단위를 말한다.

3.2 업무분장
조직에 의하여 분류된 각 담당업무별로 분담한 직무와 책임, 권한을 명확히 한 것을 말한다.

3.3 직무
정해진 직책 혹은 직위에서 반드시 수행하여야 할 업무의 범위를 말한다.

4. 책임과 권한

4.1 최고경영자
   1) 조직의 기구조직에 대한 신설, 개편, 폐지 및 조정에 대한 승인
   2) 기구 조직별 중요 업무분장 사항에 대한 승인

(주)이큐	절차서	문서번호	EQ-P-0520
		제정일	20XX. XX. XX
		개정일	
	조직 및 업무분장	개정번호	01
		PAGE	2 / 3

4.2 안전관리부서장
조직의 기구조직 및 업무분장 관련 최고경영자 지시사항에 대한 검토 및 실무책임

4.3 각 부서장
각 부서별 업무분장 사항에 대하여 책임과 권한을 갖는다.

5. 업무절차

5.1 조직의 구성
  1) 조직단위는 부서로 구성함을 원칙으로 한다.
  2) 부서 단위별로 하위 단위로 Part 또는 반(생산 관련)을 둘 수 있다.
  3) 특정 업무에 관한 업무추진을 위하여 위원회 또는 TF팀을 둘 수 있다.
    위원회 또는 TF팀 구성 및 운영에 관한 사항은 필요시기에 별도의 품의에 의하여 운영한다.

5.2 업무분장 방법
  1) 각 조직은 각각의 기능에 따라 규정된 범위의 업무분장을 처리한다.
  2) 각 조직은 유기적인 업무활동을 위해 관련 업무에 상호 협조해야 할 의무가 있다.
  3) 업무분장에 관한 부서 간의 이견은 최고경영자의 결정에 따른다.
  4) 조직 및 업무분장의 변경은 부서장의 서면요청 또는 경영자의 지시가 있을 경우 업무 주관 부서에서 이를 검토하여 최고경영자의 승인을 득하여 시행한다.
  5) 조직 및 업무분장의 변경 내용은 최고경영자의 승인 내용에 따라 즉시 시행할 수 있다. 이 경우에는 15일 이내에 업무주관 부서에서 본 절차서를 개정하여야 한다.

(주)이큐	**절차서**	문서번호	EQ-P-0520
		제 정 일	20XX. XX. XX
		개 정 일	
	조직 및 업무분장	개정번호	01
		PAGE	3 / 3

5.3. 개인 업무분장

1) 개인 업무분장은 조직 및 부서별 업무분장 내용을 바탕으로 각 부서장이 부서원의 개인 업무 분장을 실시하고 필요 시 부서 내 업무분장표를 작성한다.

2) 부서의 업무분장 내용 변경, 부서원의 변경이나 개인별 업무 내용의 변경이 필요할 경우에는 부서 내 업무분장표를 개정 관리한다.

6. 관련 양식

NO	서식명	서식번호	보존연한	보관부서
1	업무분장표	EQP-0520-01		

	절차서	문서번호	EQ-P-0610
(주)이큐		제정일	20XX. XX. XX
		개정일	
	기획 및 리스크 관리	개정번호	01
		PAGE	1 / 6

1. 적용 범위
본 절차서는 조직의 리스크 및 기회관리와 안전보건목표 및 목표달성의 기획 절차에 대하여 적용한다.

2. 목적
본 절차서는 안전보건경영시스템 수립 시 리스크와 기회를 결정하여 조치를 취함으로서 잠재적 영향을 높이고 안전보건경영시스템의 변경 절차와 안전보건목표 수립 절차를 명확히 함으로써 안전보건경영시스템의 의도한 결과를 달성하는 것에 대한 보장 및 안전보건목표를 달성하는데 그 목적이 있다.

3. 용어의 정의
3.1 기획
어떤 대상에 대하여 그 대상의 변화를 가져올 목적을 확인하고 그 목적을 성취하는 데에 가장 적합한 행동을 설계하는 것, 즉, 계획을 수립하는 과정을 말한다.

3.2 리스크(Risk)
바람직하지 않는 상황 또는 발생할 수 있고 잠재적으로 부정적인 결과를 내포한 환경을 말한다. 위험(Danger)과는 달리 리스크를 수용하여 적절히 관리할 경우 그에 상응하는 기회나 보상이 제공될 수 있다.

4. 책임과 권한
4.1 최고경영자
최고경영자는 다음의 책임과 권한이 있다.
   1) 리스크와 기회 결정 및 조치를 위한 자원제공
   2) 안전보건목표 승인

(주)이큐	절차서	문서번호	EQ-P-0610
		제 정 일	20XX. XX. XX
		개 정 일	
	기획 및 리스크 관리	개정번호	01
		PAGE	2 / 6

3) 안전보건경영시스템의 변경 고려 및 변경사항 승인

4.2 안전관리부서장

안전관리부서장은 4.1항 최고경영자의 책임과 권한 사항에 대하여 최고경영자의 최종 결정을 위해 관련 자료를 각 부서장에게 작성하게 하고 이를 검토 및 종합하여 최고경영자에게 보고할 책임과 권한이 있다.

4.3 각 부서장

각 부서장은 안전보건경영시스템 기획 프로세스에 따라 경영자가 지시한 해당 사항에 대하여 정보 및 자료를 수집하고 분석하여 자료를 작성하고 안전관리부서장 및 최고경영자에게 보고할 책임이 있다.

5. 업무절차

5.1 리스크와 기회의 조치
1) 조직은 안전보건경영시스템을 기획할 때 조직의 상황(내부, 외부)과 이해관계자의 요구와 기대사항을 고려하며 이때 다루어질 필요가 있는 다음 사항에 대하여 리스크와 기회를 결정한다.
   (1) 안전보건경영시스템이 의도한 결과를 달성할 수 있다는 것에 대한 보장
   (2) 바람직한 영향의 증대
   (3) 바람직하지 않은 영향의 예방 또는 감소
   (4) 개선달성
2) 리스크와 기회는 "조직상황이해 및 안전보건경영시스템 운영 절차서(EQ-P-410)"에 따라 조직상황(내부/외부) 정보 수집/분석 결과 및 이해관계자의 요구와 기대사항 파악 결과에 따라 매년 경영검토 또는 경영실적 보고회의 시 결정한다.
3) 결정된 리스크와 기회는 항목별 주관 부서를 지정하여 이를 다루기 위한 계획을 4) 및 5)항을 참조하여 수립하고 "SWOT 분석표(양식 EQ-P-610-02)"를 작성하여 최고경영자에게 보고한다.

(주)이큐	절차서	문서번호	EQ-P-0610
		제정일	20XX. XX. XX
		개정일	
	기획 및 리스크 관리	개정번호	01
		PAGE	3 / 6

4) 리스크에 대한 조치

   리스크에 대한 조치계획은 다음 사항을 고려하여 조치계획을 수립한다.

  (1) 리스크를 피하는 조치계획

  (2) 기회를 가지기 위해 리스크를 받아들인 조치계획

  (3) 리스크의 원인을 제거하는 계획

  (4) 리스크 발생 가능성 또는 결과를 변경하는 계획

  (5) 리스크를 분할 또는 유지하는 계획 등

5) 기회에 대한 조치

  (1) 새로운 사업 및 제품 출시

  (2) 새로운 기술사용

  (3) 새로운 고객 및 범위 확대 파악

  (4) 협력관계 구축

  (5) 조직 또는 고객이 필요로 하는 것에 대하여 유익하고 실용적 가능성 등

6) 실행 결과의 조치

   리스크 및 기회관리 항목별 주관부서장은 조치 및 실행하고 경영실적 보고회의 시 중간 결과를 보고하며 최종 경영검토회의 시 효과성에 대하여 평가를 한다.

5.2 안전보건목표 달성 기획

5.2.1 안전보건목표 수립

1) 조직은 다음과 같은 내용을 고려하여 안전보건목표를 수립한다.

  (1) 안전보건방침

  (2) 전년도 안전보건실적 및 추이

  (3) 조직의 상황(내부, 외부)

  (4) 이해관계자(고객)의 요구와 기대

(주)이큐	절차서	문서번호	EQ-P-0610
		제정일	20XX. XX. XX
		개정일	
	기획 및 리스크 관리	개정번호	01
		PAGE	4 / 6

2) 수립된 안전보건목표는 다음 사항을 충족해야 한다.
   (1) 안전보건방침과 일관될 것
   (2) 측정이 가능할 것
   (3) 안전보건경영시스템에서 적용되는 요구사항을 고려할 것
   (4) 모니터링이 될 것
   (5) 조직 내에서 의사소통이 될 것
   (6) 적절하게 업데이트가 될 것

3) 각 부서장은 매년 말 위 1) 및 2)항을 고려하여 다음 항목에 대하여 차기 연도의 안전보건목표를 수립하여 안전관리부서장의 검토 및 최고경영자의 승인을 받는다.
   (1) 안전사고율
   (2) 안전보건 관련 내·외부 고객 불만 건수
   (3) 안전보건 관련 성과지표
   (4) 기타 경영자 지시사항 및 고객 요구사항

4) 수립된 안전보건목표는 문서화하며 조직 안에서 의사소통으로 이루어지고 이해되고 적용하기 위하여 사내의 필요한 곳에 적절히 게시하며 각 부서장은 부서원에게 안전보건목표를 이해시킨다.

5.2.2 안전보건목표 달성계획 수립

1) 안전관리부서장은 안전보건목표가 결정되면 안전보건목표를 어떻게 달성할 것인지에 대하여 다음 사항을 반영하여 목표 달성 실행계획을 수립한다.
   (1) 무엇이 수행될 것인지(실시 항목)
   (2) 어떠한 자원이 요구될 것인지?(인원, 장비, 장소, 비용 등)
   (3) 누가 책임질 것인지?
   (4) 언제 완료할 것인지?
   (5) 결과는 어떻게 평가될 것인지?

(주)이큐	절차서	문서번호	EQ-P-0610
		제정일	20XX. XX. XX
		개정일	
	기획 및 리스크 관리	개정번호	01
		PAGE	5/6

   2) 안전관리부서는 필요 시 관련 부서장과 협의하여 안전보건목표 달성 실행계획서를 작성하여 안전관리부서장의 검토 및 최고경영자의 승인을 받는다.
   3) 수립된 안전보건목표 달성 실행계획서는 조직 안에서 의사소통으로 이루어지고 이해되고 적용하기 위하여 관련 부서 내에 배포 및 사내의 필요한 곳에 적절히 게시하며 각 부서장은 부서원에게 안전보건목표 달성 실행계획 내용을 이해시킨다.
   4) 안전보건목표 및 안전보건목표 달성 실행 항목은 부서별 성과지표(KPI) 또는 수행 실적으로 관리하며 "프로세스 성과관리 절차서(EQ-P-910)"에 따라 경영실적 보고회의 시에 최고경영자에게 보고한다.

5.3 안전보건경영시스템 변경 기획
   1) 안전보건경영시스템을 변경할 경우에는 다음 사항을 고려한다.
      (1) 변경의 목적, 이로 인한 잠재적인 결과
      (2) 안전보건경영시스템의 완전성
      (3) 자원의 가용성
      (4) 책임과 권한의 재 할당
   2) 최고경영자 및 안전관리부서장은 조직의 상황 이해 및 이해관계자의 요구와 기대 사항에 따라 안전보건경영시스템의 일부 변경 필요가 발생하면 안전관리부서에 변경 검토를 지시한다.
   3) 안전관리부서는 필요한 프로세스와 그들의 상호작용, 인증받은 국제규격의 요구사항 준수를 포함하는 안전보건경영시스템을 수립하여 안전관리부서장의 검토 및 최고경영자의 승인을 받는다.
   4) 안전보건경영시스템 변경 시에는 "조직상황 이해 및 안전보건경영시스템 운영 절차서(EQ-P-410) 5.5항 안전보건경영시스템 및 프로세스 결정" 절차에 따라 수행한다.

(주)이큐	절차서	문서번호	EQ-P-0610
		제 정 일	20XX. XX. XX
		개 정 일	
	기획 및 리스크 관리	개정번호	01
		PAGE	6 / 6

6. 관련 양식

NO	서식명	서식번호	보존연한	보관부서
1	리스크 및 기회관리 조치계획서	EQP-610-01		
2	SWOT 분석	EQP-610-02		

	절차서	문서번호	EQ-P-0620
(주)이큐		제정일	20XX. XX. XX
		개정일	
	위험성 평가	개정번호	01
		PAGE	1 / 10

1. 적용 범위
본 절차서는 조직 전체에서 수행하는 모든 작업, 설비 및 공정의 안전보건 위험성 평가에 대한 범위, 절차, 책임과 권한에 대하여 적용한다.

2. 목적
본 절차서는 조직 전체의 유해·위험요인에 대한 실태를 파악하고 위험성을 추정·결정한 후 위험성을 감소시키기 위해 필요한 조치를 실시함을 목적으로 한다.

3. 위험성 평가부서의 운영
3.1 위험성 평가는 부서별로 소속 부서의 위험성 평가를 작성하고 검토한다.

3.2 부서별로 각 부서장을 팀장으로 하고, 부서원을 평가자로 한다.

3.3 평가자는 평가 기간 중 일반 업무를 배제하고 평가 업무에 집중한다.

3.4 위험성 평가 조직은 위험성 평가 실시계획서에 따른다.

4. 역할과 책임
4.1 최고경영자
  1) 사업주 교육 이수
  2) 작업자에게 외부 교육기회 제공
  3) 안전보건 설비 개선비용 또는 개인보호 구입 등의 예산 승인

(주)이큐	절차서	문서번호	EQ-P-0620
		제정일	20XX. XX. XX
		개정일	
	위험성 평가	개정번호	01
		PAGE	2 / 10

4.2 안전보건부서장
  1) 방침과 추진목표를 문서화하고 게시
  2) 위험성 평가 실행을 위한 조직 구성과 역할 부여 및 인지
  3) 위험성 평가 실행을 위한 노력(회의 주관 및 참석 등)
  4) 재해사례 수집, 전파 및 중대재해 예방을 위한 노력
  5) 무재해 운동 참여
  6) 안전보건 설비 개선비용 또는 개인보호 구입 등의 예산 집행

4.3 각 부서장
  1) 유해·위험요인을 파악하고 위험성 추정 및 결정
  2) 위험성 감소 대책의 수립 및 실행
  3) 위험성 평가 실시 시기, 절차와 내용 숙지
  4) 책임과 권한의 인지 및 이행

4.4 근로자
  1) 담당업무와 관련된 위험성 평가 활동에 참여
  2) 담당업무에 대한 안전보건수칙 및 위험성 평가 결과 감소대책 숙지
  3) 비상상황에 대한 대비 및 대응방법 인지
  4) 출입허가 절차 및 위험한 장소 인지

4.5 안전보건담당자
  1) 위험성 평가 실시 공고문을 게시판에 공고 및 관련 회의 개최하고 기록유지
  2) 위험성 평가 담당자 교육 이수
  3) 위험성 평가 연간계획 수립 및 실시

(주)이큐	절차서	문서번호	EQ-P-0620
		제 정 일	20XX. XX. XX
		개 정 일	
	위험성 평가	개정번호	01
		PAGE	3 / 10

4) 안전보건정보 수집 및 재해조사 관련 자료 등을 기록
5) 관련 직원에게 위험성 평가 교육을 실시하고 기록유지
6) 위험성 평가 검토 및 결과에 대한 기록, 보관

5. 위험성 평가의 실시시기

5.1 최초평가 : 처음으로 실시하는 위험성 평가를 말하며 전체 작업을 대상으로 한다.

5.2 정기평가 : 최초 평가 후 사업장 전반에 대해 매년 1회 정기적으로 실시한다.

5.3 수시평가 : 해당 계획의 실행을 착수하기 전 또는 작업 개시(재개) 전에 실시한다.
  1) 중대 산업사고 또는 산업재해(휴업 이상의 요양을 요하는 경우)가 발생한 때
  2) 작업장 변경 시(작업자, 설비, 작업 방법 및 절차 등의 변경)
  3) 건설물, 기계·기구, 설비 등의 정비 또는 보수

6. 위험성 평가의 실시 방법 및 추진절차

6.1 실시 방법
  1) 최고경영자는 위험성 평가 실시를 총괄 관리한다.
  2) 위험성 평가 전담직원을 지정하는 등 위험성 평가를 위한 체제를 구축한다.
  3) 작업 내용 등을 상세하게 파악하고 있는 각 부서장에게 유해·위험요인의 파악, 위험성의 추정·결정, 위험성 감소대책의 수립·실행을 하게 한다.
  4) 유해·위험요인을 파악하거나 감소 대책을 수립하는 경우 특별한 사정이 없는 한 해당 작업에 종사하고 있는 근로자를 참여하게 한다.

(주)이큐	절차서	문서번호	EQ-P-0620
		제정일	20XX. XX. XX
		개정일	
	위험성 평가	개정번호	01
		PAGE	4 / 10

5) 기계・기구, 설비 등과 관련된 위험성 평가에는 해당 기계・기구, 설비 등에 전문지식을 갖춘 사람을 참여하게 한다.
6) 위험성 평가를 실시하기 위한 필요한 회의 및 교육 등을 실시한다.

6.2 추진절차

위험성 평가는 사전준비(1단계)→유해・위험요인 파악(2단계)→위험성 추정(3단계)→위험성 결정(4단계)→위험성 감소대책 수립 및 실행(5단계)의 절차에 따라 실시하며, 일련의 전 과정에 대하여 기록한다.

※ 위험성 평가는 1회성으로 완료되는 것이 아니며, 위험성이 허용 가능한 수준이 될 때까지 위 순서를 반복

1) 사전준비(1단계)

   평가대상 공정(작업) 선정 정확한 작업공정의 분류가 중요, 작업공정 흐름도에 따라 평가대상 공정이 결정되면 평가대상 및 범위를 확정

2) 유해・위험요인 파악(2단계)

   가장 중요한 단계, 작업공정(단위작업)별 위험요인을 상세히 파악

3) 위험성 추정(3단계)

   위험요인을 심사하여 정량화하는 단계, 가능성과 중대성을 조합

$$위험성 = 가능성 \times 중대성$$

※ 위험성 추정은 가능성 [표 1]과 중대성 [표 2]을 곱하여 산출한다.

(주)이큐	절차서	문서번호	EQ-P-0620
		제정일	20XX. XX. XX
		개정일	
	위험성 평가	개정번호	01
		PAGE	5 / 10

[표 1] 가능성(빈도)

구분	가능성		기준
최상	매우 높음	5	■ 피해가 발생할 가능성이 매우 높음 ■ 해당 안전대책이 되어 있지 않고, 표지 부착이 안된 곳이 많으며, 안전수칙·작업표준 등도 없음
상	높음	4	■ 피해가 발생할 가능성이 높음 ■ 가드·방호덮개, 기타 안전장치가 없거나 상당히 미흡하고, 비상정지장치, 표시·표지는 웬만큼 설치되어 있으며, 안전수칙·작업표준 등은 있지만 지키기 어렵고 많은 주의를 해야 함
중	보통	3	■ 부주의하면 피해가 발생할 가능성이 있음 ■ 가드·방호 덮개 또는 안전장치 등은 설치되어 있지만, 가드가 낮거나 간격이 벌어져 있는 등 미흡한 곳이 많고, 위험 영역 접근, 위험원과의 접촉이 있을 수 있으며, 안전수칙·작업표준 등은 있지만 일부 준수하기 어려운 점이 있음
하	낮음	2	■ 피해가 발생할 가능성이 낮음 ■ 가드·방호 덮개 등으로 보호되어 있고, 안전장치가 설치되어 있으며, 위험 영역에의 출입이 곤란한 상태이고, 안전수칙·작업표준(서) 등이 정비되어 있고 준수하기 쉬우나, 피해의 가능성이 남아 있음
최하	매우 낮음	1	■ 피해가 발생할 가능성이 없음 ■ 전반적으로 안전조치가 잘 되어 있음

[표 2] 중대성(강도)

구분	중대성		기준
최대	사망	4	■ 사망재해
대	장해발생	3	■ 휴업 1월 이상인 재해
중	병원치료	2	■ 휴업 1월 미만인 재해
소	비치료	1	■ 휴업이 수반되지 않는 재해

(주)이큐	절차서	문서번호	EQ-P-0620
		제정일	20XX. XX. XX
		개정일	
	위험성 평가	개정번호	01
		PAGE	6 / 10

[표 3] 가능성(빈도)

구분		중대성(강도)			
		최대(4)	대(3)	중(3)	소(1)
가능성 (빈도)	최상(5)	매우 높음(20)	높음(15)	약간 높음(10)	낮음(5)
	상(4)	매우 높음(16)	높음(12)	보통(8)	낮음(4)
	중(3)	약간 높음(12)	약간 높음(9)	낮음(6)	매우 낮음(3)
	하(2)	보통(8)	낮음(6)	낮음(4)	매우 낮음(2)
	최하(1)	낮음(4)	매우 낮음(3)	매우 낮음(2)	매우 낮음(1)

4) 위험성 결정(4단계)

위험성 결정은 유해·위험요인의 발생 가능성과 중대성을 평가하여 6단계로 구분하였고, 평가점수가 높은 순서대로 관리우선 순위를 결정하였다.

[표 4] 위험성 결정

위험성 수준		허용가능여부	관리기준
16~20	매우 높음	불가	■ 즉시 작업 중지 ■ 작업을 지속하려면 즉시 개선을 실행하는 위험
15	높음	불가	■ 긴급 임시안전보건 대책을 세운 후 작업 실시하고 정비, 보수 기간 전에 안전보건 대책을 수립하고 개선해야 할 위험
9~12	약간 높음	불가	■ 정비, 보수하기 전에 안전보건 대책을 수립하고 개선해야 할 위험
8	보통	불가	■ 유해 위험의 표지 부착, 작업절차서 표기 등 관리적 대책이 필요한 위험
4~6	낮음	허용	■ 안전정보 및 주기적 안전보건교육의 제공이 필요한 위험
1~3	매우 낮음	허용	■ 현재의 안전대책 유지

(주)이큐	절차서	문서번호	EQ-P-0620
		제정일	20XX. XX. XX
		개정일	
	위험성 평가	개정번호	01
		PAGE	7 / 10

5) 위험성 감소 대책 수립 및 실행

구체적인 위험성 감소 대책을 수립·실행하여 허용가능 위험의 범위로 들어오도록 하는 절차

[표 5] 위험성 감소 대책 수립실행 우선순위

우선순위	감소대책
1	위험한 작업의 폐지·변경, 유해·위험물질 대체 등의 조치
2	설계나 계획단계에서 위험성을 제지 또는 저감하는 조치
3	연동장치, 환기장치 설치 등의 공학적 대책
4	작업표준서 정비 등의 관리적 대책
5	개인용 보호구 사용

6) 기록

위험성 평가 결과표 등 위험성 평가를 수행한 결과를 기록

7. 실시의 주지방법

최고경영자는 위험성 평가 추진목표 및 방침을 수립하여 회의 또는 안전보건행사 등에서 구성원에게 홍보·주지시키고, 조직 구성원이 읽을 수 있도록 사내에 공지한다.

8. 위험성 평가 시 유의사항

8.1 위험성 평가 대상에는 모든 근로자(협력업체, 방문객 포함)에게 안전·보건 상 영향을 주는 다음 사항을 포함하여야 한다.

1) 조직 내부 또는 외부에서 작업장에 제공되는 위험시설
2) 작업장에서 보유 또는 취급하고 있는 모든 유해물질
3) 일상적인 작업(협력업체 포함) 및 비일상적인 작업(수리 또는 정비 등)
4) 발생할 수 있는 비상조치 작업

(주)이큐	절차서	문서번호	EQ-P-0620
		제정일	20XX. XX. XX
		개정일	
	위험성 평가	개정번호	01
		PAGE	8 / 10

8.2 정기평가는 최초평가 후 정기적으로 실시하며, 다음 사항을 고려하여야 한다.
 1) 기계·기구, 설비 등의 기간 경과에 의한 성능 저하
 2) 근로자의 교체 등에 수반되는 안전보건과 관련되는 지식 또는 경험의 변화
 3) 안전보건과 관련되는 새로운 지식의 습득
 4) 현재 수립되어 있는 위험성 감소대책의 유효성

8.3 사업장은 위험성 평가 결과, 위험을 제거 또는 감소시키기 위한 조치계획을 안전보건활동 추진계획에 포함하여 실시하고 모니터링하여야 한다.

8.4 위험성 감소대책을 실행한 후 허용 가능한 위험성 수준이 될 때까지 추가의 감소대책을 수립·실행하여야 한다.

8.5 최고경영자는 중대재해, 중대 산업사고 또는 심각한 질병이 발생할 우려가 있는 위험성으로서 감소 대책의 실행에 많은 시간이 필요한 경우에는 즉시 잠정적인 조치를 강구하여야 한다.

8.6 최고경영자는 위험성 평가를 종료한 후 남아있는 유해·위험요인에 대해서는 게시, 주지 등의 방법으로 근로자에게 알려야 한다.

9. 위험성 감소 대책 수립·실행 시 고려사항

9.1 위험성의 크기가 큰 것부터 위험성 감소 대책의 대상으로 한다. 위험성 감소를 위한 우선도를 결정하는 방법은 위험성 평가 1단계인 사전준비 단계에서 미리 설정해 두는 것이 바람직하다.

9.2 안전보건 상 중대한 문제가 있는 것은 위험성 감소 조치를 즉시 실시하여야 한다.

(주)이큐	절차서	문서번호	EQ-P-0620
		제정일	20XX. XX. XX
		개정일	
	위험성 평가	개정번호	01
		PAGE	9 / 10

9.3 위험성 감소 대책의 구체적 내용은 법령에 규정된 사항이 있는 경우에는 그것을 반드시 실시해야 한다.

9.4 개인보호구 사용의 조치는 [표 6] ①~③의 조치를 대체해서는 안되며, 비용 대비 효과 측면에서 현저한 불균형이 있는 경우를 제외하고는 보다 상위의 감소대책을 실시할 필요가 있다.

[표 6] 감소 대책 수립의 우선순위

① **본질적(근원적) 대책**
위험한 작업의 폐지·변경, 유해·위험물질 또는 유해·위험요인이 보다 적은 재료로의 대체, 설계나 계획단계에서 위험성을 제거 또는 저감하는 조치

⋮

② **공학적 대책**
안전장치, 방호문, 국소배기장치 등

⋮

③ **관리적 대책**
매뉴얼 정비, 출입금지, 노출관리, 교육훈련 등

⋮

④ **개인보호구의 사용**
상기 ①~③의 조치를 취하더라도 제거·감소할 수 없었던 위험성에 대해서만 실시

(주)이큐	절차서	문서번호	EQ-P-0620
		제 정 일	20XX. XX. XX
		개 정 일	
	위험성 평가	개정번호	01
		PAGE	10 / 10

10. 관련 양식

NO	서식명	서식번호	보존연한	보관부서
1	공정분석표	EQP-620-01		
2	유해·위험요인 분류표	EQP-620-02		
3	위험성 평가표	EQP-620-03		
4	감소대책 수립 및 실행표	EQP-620-04		

(주)이큐	절차서	문서번호	EQ-P-0630
		제정일	20XX. XX. XX
		개정일	
	안전보건법규 관리	개정번호	01
		PAGE	1/2

1. 목적 및 적용 범위

이 절차서는 조직에서 활동, 제품, 서비스의 안전보건 요인을 관리함에 있어 준수되어야 할 법규 및 기타 요구사항에 대한 식별 및 관리에 대하여 기술한다.

2. 책임과 권한

2.1 안전관리부서장은 조직에 적용되는 안전보건법규 및 절차서를 관리한다.

2.2 안전관리부서장은 조직에 적용되는 국제규약, 국내안전보건법규 및 절차서 등이 정리된 안전보건법규를 검토하여 안전보건기준에 반영하고 주기적으로 개정하고 배포하여야 한다.

2.3 각 부서의 안전보건담당자는 배포된 안전보건 기준에 의거하여 각 부서에 적용되는 안전보건관련법규 및 관련 절차서를 파악하여 부서원에게 전파하여야 한다.

3. 업무절차

3.1 안전관리부서의 안전보건담당자는 국내외 안전보건관련법을 파악하고 적용되는 법규를 "안전보건법규 등록대장(EQ-P-630-01)"에 기록, 관리한다.

3.2 제정 또는 개정된 안전보건법규 및 절차서가 있을 경우 안전관리부서의 안전보건담당자는 이를 반영하여 안전보건법규 변경 항목을 관리하고 이에 대한 법규 등록부를 개정 배포하여야 하며, 안전보건법규 제·개정에 따른 안전보건문서의 제·개정 여부를 파악하여, 각 부서로 통보한다.

(주)이큐	절차서	문서번호	EQ-P-0630
		제정일	20XX. XX. XX
		개정일	
	안전보건법규 관리	개정번호	01
		PAGE	2 / 2

3.3 안전관리부서의 안전보건담당자는 개정된 안전보건법규의 내용에 대하여 교육이 필요하다고 판단될 시에 해당 인원 및 조직에 대하여 교육을 기안하여, 안전관리부서장에게 통보한다.

4. 관련 양식

NO	서식명	서식번호	보존연한	보관부서
1	안전보건법규 등록대장	EQP-630-01		

	절차서	문서번호	EQ-P-0640
(주)이큐		제정일	20XX. XX. XX
		개정일	
	안전보건목표 관리	개정번호	01
		PAGE	1/5

1. 목적 및 적용 범위

본 절차서는 조직의 활동, 제품과 서비스로 인해 발생하는 안전보건 영향을 최소화하기 위하여 안전보건목표 및 세부목표를 설정하여 지속적인 관리와 개선을 위한 절차를 수립함으로써 조직의 안전보건방침을 준수함을 목적으로 하며, 당사의 안전보건목표와 세부목표의 수립, 관리 및 달성을 위한 안전보건 세부목표 추진계획서 작성 및 책임사항에 관하여 규정한다.

2. 용어정의

2.1 안전보건목표
조직의 안전보건방침을 충족시키기 위하여 안전보건 영향 개선의 목표를 제시한 정량화된 조직의 총괄 목표를 말한다.

2.2 안전보건 세부목표
안전보건목표를 달성하기 위하여 안전보건 영향 인자별, 세부기간별로 달성하여야 할 목표를 제시한 것을 말한다.

2.3 안전보건성과
조직의 활동, 제품 및 서비스가 안전보건에 미치는 영향에 대한 조직의 관리와 연관되며 조직의 안전보건방침 및 목표를 고려한 평가 가능한 안전보건경영 결과를 말한다.

3. 책임과 권한

3.1 최고경영자
안전보건목표 및 세부목표를 승인하여야 하며, 이를 달성하기 위한 인원 및 설비를 유지, 관리할 책임이 있다.

(주)이큐	절차서	문서번호	EQ-P-0640
		제정일	20XX. XX. XX
		개정일	
	안전보건목표 관리	개정번호	01
		PAGE	2 / 5

3.2 안전관리부서장

안전보건의 지속적인 개선을 위하여 안전보건목표 및 세부목표를 수립하고, 정기적으로 검토, 개정할 책임이 있다.

3.3 각 부서장

설정된 안전보건목표에 따라 부서별 세부 추진계획을 수립하고, 달성할 책임이 있다.

4. 업무절차

4.1 안전보건목표 및 세부목표 제·개정

  4.1.1 제정 검토기준

  안전보건목표 및 세부목표의 제정 시 검토기준은 다음과 같다.

    1) 안전보건방침

    2) 안전보건법규 및 기타 관련법

    3) 안전보건 영향 평가 결과

    4) 이해관계자(고객, 주민포함)의 요구사항

    5) 안전보건성과

    6) 제정 및 기술적인 사항

    7) 작업안전보건

  4.1.2 제정절차

    1) 안전보건목표 및 세부목표는 매1년마다 제정하는 것을 원칙으로 한다.

    2) 안전관리부서장은 안전보건목표 및 세부목표 작성기준 및 절차를 수립할 책임이 있다.

    3) 안전관리부서장은 4.1.1조의 제정 검토기준을 검토하여 안전보건목표(안)을 작성하여 매년 이를 각 부서장에게 통보하여야 한다.

(주)이큐	절차서	문서번호	EQ-P-0640
		제정일	20XX. XX. XX
		개정일	
	안전보건목표 관리	개정번호	01
		PAGE	3 / 5

4) 각 부서장의 검토 결과 이견이 있을 경우 안전관리부서장은 각 부서장을 구성원으로 하는 안전보건목표 검토회의를 개최하여 안전보건목표(안)을 수정할 수 있다.

5) 각 부서장은 세부목표 수립 시 안전관리부서에서 통보된 사항 외 각 부서 내에서 안전보건관리를 위하여 일상적으로 실행 가능한 항목에 대하여도 함께 검토, 세부목표화하여야 한다.

6) 안전관리부서장은 각 부서의 세부목표를 취합, 검토, 조정하여 안전보건목표 및 세부목표를 확정하고 최고경영자의 승인을 득하여야 한다.

7) 안전관리부서장은 승인된 안전보건목표 및 세부목표를 각 부서에 통보하여야 하며 각 부서장은 이를 전 부서원에게 숙지시켜야 한다.

4.2 세부 추진계획의 작성 및 시행

  4.2.1 작성

    1) 각 부서장은 안전관리부서장으로부터 접수한 세부목표를 달성하기 위한 "안전보건목표 추진계획/결과서(EQ-P-640-01)"를 작성하여 안전관리부서장에게 통보할 책임이 있다.

    2) 안전관리부서장은 각 부서의 안전보건목표 추진계획/결과서를 전사적인 안전보건목표 및 세부목표의 달성 여부 관점에서 검토한 후 취합하여 최고경영자의 승인을 득할 책임이 있다.

  4.2.2 시행

    1) 각 부서장은 목표 달성을 위해 5W 1H를 고려한 추진계획, 내용 및 실행 방법 등에 대하여 부서원에게 교육을 실시한다.

    2) 각 부서장은 세부 추진계획의 시행을 위하여 관련 문서의 제·개정이 필요한 경우 사내 문서관리 절차서에 따라 제·개정할 책임이 있다.

  4.2.3 실적평가

    1) 각 부서장은 매 반기마다 세부 추진계획에 따른 달성도를 점검하여야 하며 그 결과를 안전관리부서로 통보하여야 한다.

(주)이큐	절차서	문서번호	EQ-P-0640
		제정일	20XX. XX. XX
		개정일	
	안전보건목표 관리	개정번호	01
		PAGE	4 / 5

   2) 안전관리부서장은 매반기 마다 각부서의 세부 추진계획 달성도를 취합하여 세부 추진계획이 원활히 실행되고 있는지를 분석하여 최고경영자에게 보고하여야 한다. 단, 안전보건심사가 실시되는 반기는 감사 결과로 대체할 수 있다.

   3) 안전관리부서장은 내부심사 절차서에 따라 내부심사시 각 부서의 세부 추진계획 및 추진현황을 파악하여 성과를 평가할 책임이 있다.

   4) 안전관리부서장은 세부 추진계획에 미달한 부서에 대하여는 부적합 및 시정조치 절차서에 따라 원인분석 및 시정조치를 해당 부서에 요청하고 그 결과를 확인해야 할 책임이 있다.

4.2.4 세부 추진계획의 종료

   1) 종료된 세부 추진계획 중 지속적인 개선이 필요한 항목이 있다고 판단되는 경우 조직은 이를 차년도 세부목표에 반영한다.

   2) 안전관리부서장은 안전보건목표 및 세부목표의 달성도를 평가하여 경영검토회의 개최 시 보고하여야 한다.

4.3 안전보건목표, 세부목표 및 세부 추진계획의 변경

  4.3.1 각 부서장은 다음과 같은 사항을 파악하여 세부목표 및 세부 추진계획의 변경 필요 시 세부목표인 경우 "세부목표 변경 요청서(EQ-P-640-02)"를 작성하고 세부 추진계획인 경우 안전보건목표 추진계획/결과서를 재작성하여 안전관리부서장에게 통보할 책임이 있다.

   1) 안전보건법규의 변경 시
   2) 지방자치단체 조례 변경 시
   3) 신규 또는 개량된 제품, 공정서비스의 심각한 안전보건 영향평가 결과
   4) 고객 및 이해관계자 등 사회적인 요구 시
   5) 동일 부적합 사항으로 3회 이상 시정조치를 받은 경우
   6) 작업 안전보건 상에 심각한 영향을 미치는 요인의 경우

(주)이큐	절차서	문서번호	EQ-P-0640
		제정일	20XX. XX. XX
		개정일	
	안전보건목표 관리	개정번호	01
		PAGE	5 / 5

    7) 오염 배출시설의 신/증설로 안전보건관리의 개선이 요구되는 경우
    8) 안전보건에 미치는 영향이 심각하여 개선이 요구되는 경우
    9) 안전보건과 관련된 처리 기술의 발달로 안전보건관리 수준이 향상되는 경우
  4.3.2 각 부서 세부목표 변경 시 안전관리부서장은 세부목표의 변경이 안전보건목표에 미치는 영향을 파악하여 안전보건목표의 변경을 검토하여 최고경영자의 승인을 득하여 안전보전목표를 변경할 수 있다.

4.4 안전보건목표 및 세부목표의 교육 및 공개
안전관리부서장은 외부 이해관계자의 요구가 있을 경우 목표 및 세부목표를 외부 이해관계자들에게 공개 여부를 판단하여 공개한다. 단, 고객에 대해서는 공개할 수 있다.

5. 관련 양식

NO	서식명	서식번호	보존연한	보관부서
1	안전보건목표 및 세부 추진계획/결과서	EQP-0640-01		
2	세부목표 변경 요청서	EQP-0640-02		

(주)이큐	절차서	문서번호	EQ-P-0710
		제정일	20XX. XX. XX
		개정일	
	자원관리	개정번호	01
		PAGE	1/5

1. 적용 범위

본 절차서는 조직에서 안전보건경영시스템의 수립, 실행, 유지 및 지속적 개선에 필요한 인원, 기반구조 및 프로세스 운용 안전보건의 관리 절차에 대하여 적용한다.

2. 목적

본 절차서는 안전보건경영시스템의 수립, 실행, 유지 및 지속적 개선에 필요한 인원, 기반구조, 운용 안전보건 등의 필요한 자원을 정하고 확보함으로써 안전보건경영시스템의 효과성에 대하여 지속적으로 개선하여 고객 요구사항 충족에 의한 고객만족의 증진에 그 목적이 있다.

3. 용어의 정의

3.1 자원
자원이란 안전보건경영시스템의 수립, 실행, 유지 및 지속적 개선에 필요한 인원, 기반구조, 안전보건 운용 등을 말한다.

3.2 기반구조
기반구조란 조직를 안전보건업무 운영 및 유지하기 위하여 필요한 건물 및 관련된 유틸리티, 장비(하드웨어, 소프트웨어 포함) 및 지원시설(운송, 통신, 정보 시스템)등의 기초적인 시설들의 총칭을 말한다.

3.3 5S 활동
5S 활동은 기본적으로 사고의 변화, 행동의 변화로 기업의 체질 변화를 도모하고자 하는 의식 운동으로서 정리, 정돈, 청소, 청결, 습관화를 일본어 표기의 영문 약어이다. 5S 활동을 통해 생산성을 향상시키고 안전보건에 악영향을 미치지 않도록 한다.

(주)이큐	절차서	문서번호	EQ-P-0710
		제정일	20XX. XX. XX
		개정일	
	자원관리	개정번호	01
		PAGE	2 / 5

4. 책임과 권한

4.1 최고경영자

    1) 최고경영자는 안전보건경영시스템의 수립, 실행, 유지 및 지속적 개선에 필요한 인원, 기반구조 및 안전보건 운용에 대하여 확보 및 제공의 책임이 있다.

    2) 최고경영자는 자원의 가용성을 보장한다.

4.2 안전관리부서장

안전관리부서장은 인력관리, 기반구조 및 운용 안전보건관리 주관부서로서 다음 사항에 대한 책임이 있다.

    1) 부족한 인원에 대한 확보조치

    2) 건물, 업무장소 및 관련 시설물(유틸리티)의 기반구조 결정 및 유지관리

    3) 운송, 통신, 정보시스템 등 지원서비스의 기반구조 결정 및 유지관리

    4) 안전보건의 개선 및 지원

4.3 각 부서장

    1) 각 부서장은 해당 업무에 대해 필요한 인원, 기반구조, 운용 안전보건을 정하고 확보된 자원의 운용 및 유지관리에 책임이 있다.

5. 업무절차

5.1 일반사항

각 부서장은 해당 업무에 대해 필요한 인원, 기반구조, 운용 안전보건을 정하여야 하며 다음 사항을 고려한다.

    1) 기존 내부 자원의 능력과 제약사항 파악

    2) 외부공급자(협력업체)로부터 획득할 필요가 있는 것

(주)이큐	절차서	문서번호	EQ-P-0710
		제정일	20XX. XX. XX
		개정일	
	자원관리	개정번호	01
		PAGE	3 / 5

5.2 인원 관리

5.2.1 필요한 인원 결정 및 확보

1) 각 부서장은 신규 사업 및 생산 증설로 인한 신규 인력 필요 또는 퇴사자가 발생하면 해당 부서에서 필요한 인원을 정하고 안전관리부서장 및 최고경영자에게 보고하여 필요 인력 확보를 승인받는다.

2) 각 부서장은 필요 인력 확보에 대해 최고경영자의 승인이 나면 필요 인력에 대한 적격성을 결정하여 안전관리부서장에게 인원 확보를 요청한다.

3) 안전관리부서장은 인원 확보 절차에 따라 인원 모집 활동을 실시하고 적격한 인원을 선정하여 최고경영자의 최종 승인을 득하여 인원을 확보한다.

5.2.2 인원의 유지관리

각 부서장은 확보한 인원에 대하여 "교육 및 훈련관리 절차서(EQ-P-730)"에 따라 적격성 및 역량 향상을 위한 관리를 한다.

5.3 기반구조 관리

5.3.1 기반구조 결정 및 확보

1) 각 부서장은 신규 사업 및 생산 증설 또는 유지보수와 관련하여 해당 부서에서 필요한 다음의 기반구조를 결정하고 신규 확보 및 유지보수를 위한 투자 필요성이 발생하면 필요한 기반구조를 정하여 안전관리부서장 및 최고경영자에게 보고한다.

   (1) 토지, 건물 및 관련된 시설물(유틸리티) 등
   (2) 생산 설비
   (3) 시험 및 검사 설비
   (4) 개발 및 연구 설비(S/W 포함)
   (5) 차량 등 운송장비
   (6) 통신시설 및 정보시스템

(주)이큐	절차서	문서번호	EQ-P-0710
		제정일	20XX. XX. XX
		개정일	
	자원관리	개정번호	01
		PAGE	4 / 5

  2) 최고경영자는 안전설비투자 검토 회의를 개최하여 확보 필요성의 검토 및 투자 우선순위를 결정하여 확정한다. 안전설비투자 검토회의 결과는 안전관리부서장이 기록 관리한다.

  3) 각 부서장은 안전설비투자 계획에 의거 투자 필요 시점에서 품의서를 작성하여 최고경영자의 승인 후 구매한다.

5.4 안전보건업무 관리

5.4.1 안전보건업무 결정 및 확보

  1) 각 부서장은 안전보건관리 요구사항에 대한 적합성을 달성하기 위해 각 부서에서 관리하는 다음의 업무장소 및 시설물에 대하여 안전보건업무를 결정하고 작성하여 안전관리부서장 및 최고경영자의 승인 후 승인을 받는다.

    (1) 시험검사실

    (2) 생산(기계가공, 조립장 등) 현장

    (3) 자재 보관창고

    (4) 일반 사무실

    (5) 기타 위험물 저장장소 등

  2) 각 부서장은 업무장소 및 시설물에 대해 안전보건관리 요구사항에 대한 적합성 달성을 위해 업무가 수행되는 조건을 반영하여 물리적, 안전보건적 요소(소음, 온도, 습도, 조명 등)를 반영하여 안전보건업무를 결정한다.

  3) 각 부서장은 각 부서에서 관리하는 업무장소 및 시설물에 대해 안전보건업무를 결정 결과 현재 안전보건 조건의 미흡사항이 발생되면 보완계획을 수립하여 구매요구서의 작성 또는 품의서를 작성하여 안전관리부서장 및 최고경영자의 승인을 받아 확보한다.

5.4.2 안전보건업무의 유지관리

  1) 각 부서장은 안전보건업무 결정사항에 대하여 지속적으로 유지관리를 하며 안전보건업무 관리가 중요한 장소는 일일점검표를 작성하여 일일 점검을 실시한다.

(주)이큐	절차서	문서번호	EQ-P-0710
		제정일	20XX. XX. XX
		개정일	
	자원관리	개정번호	01
		PAGE	5 / 5

  2) 안전관리부서장은 사무실 및 제조공정 현장의 정리, 정돈, 청소, 청결 및 수리상태로 유지하기 위하여 다음과 같이 3정 5S 추진 계획을 수립하고 5S 활동 평가를 주관하여 실시한다.
  (1) 5S 활동의 평가는 분기 1회 실시한다.
  (2) 안전관리부서장은 "업무환경점검표(양식 EQ-P-710-01/02)"에 따라 5S 활동 종합 평가를 실시하고 최고경영자에게 보고한다.
  (3) 안전관리부서장은 5S 활동이 극히 미흡한 부서에 대하여 "부적합 및 시정조치 절차서(EQ-P-1010)"에 따라 시정조치를 요구할 수 있다.

6. 관련 양식

NO	서식명	서식번호	보존연한	보관부서
1	업무환경 점검표(현장용)	EQP-0710-01		
2	업무환경 점검표(사무실용)	EQP-0710-02		

(주)이큐	절차서	문서번호	EQ-P-0720
		제정일	20XX. XX. XX
		개정일	
	교육 및 훈련관리	개정번호	01
		PAGE	1 / 9

1. 적용 범위

본 절차서는 조직에서 전 종업원을 대상으로 하는 사내외 교육훈련 및 OJT 훈련 등 제반 사항에 관하여 규정한다.

2. 목적

2.1 교육훈련 목적

사원의 교육훈련에 관한 기본 사항을 정하여 사원의 자질과 능력을 개발하고 업무 수행에 필요한 지식과 기능을 향상시킴으로서 자아의 실현과 기업의 성장을 도모하고 궁극적으로 사회 발전에 기여함을 그 목적으로 한다.

2.2 OJT 목적

신입 및 전입, 경력 사원이 조직의 구성원으로서 필요한 업무 지식을 습득하고 능력을 개발하여 조직이 요구하는 유능한 인재로 육성될 수 있도록 하는데 있다.

3. 용어의 정의

3.1 OJT(On The Job Training)

부서에 배치된 직원에 대하여 부서장 책임하에 해당 분야의 전문지식을 보유한 지도 사원에 의하여 업무를 해 나가면서 일정기간 동안 필요한 지식 및 기능을 효과적으로 전수하기 위하여 실시하는 계획적, 체계적인 부하 육성 훈련을 말한다.

3.2 적격성

업무수행에 필요한 능력(자격)의 정도를 말한다. 필요한 적격성을 갖추기 위해 교육훈련을 실시하며 개인의 학력, 교육훈련, 숙련도 및 경험(경력)에 근거하여 적격성을 평가한다.

(주)이큐	절차서	문서번호	EQ-P-0720
		제정일	20XX. XX. XX
		개정일	
	교육 및 훈련관리	개정번호	01
		PAGE	2 / 9

4. 책임과 권한

4.1 최고경영자

교육훈련의 기회 제공 및 전사 교육훈련 계획/실시 결과 승인

4.2 안전관리부서장
　1) 조직의 모든 계층에서 안전보건에 영향을 미치는 업무 수행 인원의 적격성 결정
　2) 전사 교육훈련 계획·실시 결과 및 효과성 평가 결과 검토
　3) 부서별 교육훈련 계획·실시 결과 승인

4.3 교육 주관부서

교육 주관부서는 업무의 책임은 다음과 같다.
　1) 조직의 장단기 교육계획 수립
　2) 조직의 연간 교육 계획 및 관련 예산 수립
　3) 각 부문(부서) 교육의 종합, 조정 주관
　4) 교육 결과의 기록 및 유지 관리
　5) 교육교안, 기자재 관리
　6) 자격인증 발행 및 관리

4.4 각 부서장
　1) 부서 업무의 필요한 적격성 결정 및 부서원의 교육훈련 필요성 파악
　2) 부서원의 교육훈련 계획수립
　3) 계획된 교육훈련의 실시 및 효과성 평가

(주)이큐	절차서	문서번호	EQ-P-0720
		제정일	20XX. XX. XX
		개정일	
	교육 및 훈련관리	개정번호	01
		PAGE	3 / 9

5. 교육훈련의 목표 및 방침

5.1 교육훈련의 기본 목표

최고의 인재, 최고의 기술, 경영의 합리화 및 조직의 활성화를 위하여 다음과 같이 교육훈련 기본 목표를 설정한다.

1) 자기 개발을 통하여 건전한 사회인을 육성한다.
2) 직무 능력의 향상과 전문 기술의 축적을 기한다.
3) 조직의 활성화와 관리 능력을 배양한다.
4) 합리적인 인적자원 관리에 필요한 능력을 개발한다.

5.2 교육훈련의 기본방침

1) 교육훈련은 차상위자 또는 지도사원이 일상의 업무를 통하여 실시하는 OJT를 기본으로 한다.
2) 각 부서장 및 교육훈련 담당자는 사원의 자기개발 의욕을 지원하기 위한 교육을 실시한다.
3) 교육은 교육 필요성에 근거하며, 적절한 시기에 교육을 실시하되, 교육 목표는 조직 경영 목표에 공헌할 수 있도록 설정한다.
4) 사원의 성장, 발전 단계에 따라 기본에서부터 체계적이고 지속적으로 교육훈련을 실시한다.
5) 교육과 인사 제도의 연계로 효과적인 인력관리 체계를 확립한다.
6) 교육을 통하여 안전보건 의식을 함양하며 적극적이고 과학적인 사고를 생활화하도록 유도한다.

(주)이큐	절차서	문서번호	EQ-P-0720
		제정일	20XX. XX. XX
		개정일	
	교육 및 훈련관리	개정번호	01
		PAGE	4 / 9

6. 교육훈련의 종류 및 과정

교육훈련의 종류 및 체계는 다음과 같다.

구분	교육 과정	주관 부서(부서)
직무교육	안전보건/안전교육	안전관리부서
	OJT 교육	해당부서
	특수업무(자격) 교육	해당부서
공통교육	소양, 인식제고 등 교육	교육주관부서
	계층교육(신입, 관리자 등)	교육주관부서
법정교육	법적 및 사외자격유지 필요교육	교육주관부서

6.1 직무교육

1) 직무교육은 각 직무에 종사하는 사원의 업무 지식 습득 및 업무 능률 향상을 목적으로 실시한다.
2) 직무교육은 직무기본교육 사항을 정하여 실시하는 과정으로 사내 OJT 교육이 근간이 되며 필요시 통신교육 및 사외 위탁 교육을 실시한다.
3) 특수업무(자격인증) 교육은 특정한 배정업무를 수행하는 인원에 대하여 교육을 실시한다.

6.2 공통교육

1) 계층교육

신입사원의 조직 및 업무절차 이해, 관리자로서 관리 업무 처리의 효율화 및 관리 능률 향상 계층별 해당 직무에 필요한 기본소양과 자질을 배양하기 위한 교육을 실시한다.

(주)이큐	절차서	문서번호	EQ-P-0720
		제정일	20XX. XX. XX
		개정일	
	교육 및 훈련관리	개정번호	01
		PAGE	5 / 9

2) 소양, 인식제고 등 교육

조직원으로서 협동, 단결력을 강화시키고 자신감과 자아를 일깨움으로써 뚜렷한 가치관, 인생관을 정립시켜 투철한 직업의식을 지닌 조직 구성원으로 육성시키고자 훈련을 실시한다.

6.3 법정 교육

조직업무 수행 시 필요한 법적 및 사외자격 유지에 필요한 교육을 말한다.
(안전교육, 안전보건교육, 사외자격 보수교육 등)

7. 업무절차

7.1 적격성 결정 및 교육훈련 필요성 검토
 1) 각 부서장은 해당 업무 수행에 있어서 안전보건 적합성에 영향을 미치는 업무를 수행하는 인원에 대해 필요한 적격성을 결정한다.
 2) 각 부서장은 부서원이 해당 업무의 필요한 적격성을 갖추고 능력 개발을 위하여 개인별 교육훈련 필요성을 파악한다.
 3) 부서 직능이나 계층별 업무에 필요한 적격성 결정 및 교육훈련 필요성 파악 내용은 교육훈련 필요 검토서에 기록한다.

7.2 교육훈련 계획 수립
 1) 각 부서장은 7.1항의 교육훈련 필요성 파악을 근거로 단계별 교육훈련 계획을 수립하고 매년 말까지 차기연도 사내외 교육훈련 대상자를 파악하여 이를 교육주관부서로 통보하여 연간 교육계획 수립 시 교육 예산을 확보토록 한다.
 2) 교육훈련의 목표 및 기간, 비용 등을 고려하여 사내외 교육 또는 기타의 방법을 선택한다.
 3) 교육의 방법은 강의, 토의, OJT 등 각종 교육기법 중에서 해당 과정 또는 과목의 특성에 따라 교육 효과를 높일 수 있는 방법을 선택하여 실시한다.

(주)이큐	절차서	문서번호	EQ-P-0720
		제정일	20XX. XX. XX
		개정일	
	교육 및 훈련관리	개정번호	01
		PAGE	6 / 9

7.3 교육대상 선정 및 신청

1) 교육주관부서는 매년 말까지 차기연도 교육훈련 계획을 각 부서로부터 취합하여 필요 예산을 산정하고, "교육훈련 계획서(EQ-P-730-01)"를 작성, 안전관리부서장 및 대표의 승인을 득한 후 각 부서에 통보한다.
2) 교육주관부서는 연간 교육계획에 의거 해당 월에 각 교육훈련 과정별 교육일정을 통보하고 사외 교육인 경우에는 직접 품의하여 해당 교육을 신청하며 수강자에게 교육내용을 통지한다.
3) 연간 교육계획에 포함되지 않는 경우 사외교육 집행은 해당 부서의 별도 품의에 의하여 실시한다.

7.4 교육훈련 실시

7.4.1 사내교육

1) 외부강사 초빙의 경우
 (1) 외부강사를 초빙하여 사내교육을 실시하는 경우 해당 부서는 품의서를 작성하여 최고경영자의 승인을 받은 후 교육주관부서에 제출한다.
 (2) 교육주관부서는 교육 집행에 필요한 비용, 기자재 등 필요 자원을 공급한다.
 (3) 교육주관부서는 교육훈련 이후 "교육훈련 보고서(EQ-P-730-02)"을 작성하며 교육훈련 효과성 파악은 교육훈련 보고서에 교육효과를 기록한 것으로 가름한다.

2) 사내강사 활용의 경우
 (1) 사내강사를 활용하여 교육하는 경우 각 부서장은 강사를 지명하고, 강사는 교육장소, 교안 또는 교재를 준비한다.
 (2) 강사는 교육훈련 이후 "교육훈련 보고서(EQ-P-730-02)"을 작성하며 필요한 경우 시험을 통해 교육훈련 평가를 실시하며 그러하지 않은 경우 교육훈련 보고서에 교육효과를 기록한 것으로 교육훈련 효과성 파악을 가름한다.

(주)이큐	절차서	문서번호	EQ-P-0720
		제정일	20XX. XX. XX
		개정일	
	교육 및 훈련관리	개정번호	01
		PAGE	7/9

7.4.2 OJT 교육

1) OJT 실시대상

(1) OJT 교육은 신규 입사한 사원을 주요 대상으로 한다.

(2) 전입, 보직변경, 승진되어 새로운 보직이 부여된 경우나 경력사원의 입사의 경우 각 부서장은 업무에서 요구되는 직능이나 기능에 대한 교육 필요성 파악을 기준으로 교육 OJT 교육 실시대상 여부를 검토하고 교육 대상자에 대하여 OJT 교육을 실시한다.

2) OJT 실시기간

OJT 기간은 부여된 업무의 특성 및 실시 대상에 따라 소속 부서장이 정하여 실시한다.

3) 실행 부서 및 실시 책임

(1) OJT 교육은 부서 단위로 실시한다.

(2) 각 부서장은 해당 부서의 OJT 교육 실시에 대한 계획 수립, 시행, 운영, 기록 유지 등에 대하여 총괄적인 책임을 진다.

(3) 각 지도사원은 개별지도 및 집합지도에 대한 실시 책임을 진다.

4) 지도사원 및 교재

(1) 지도사원 선임

각 부서장은 해당 부서 OJT 교육을 담당할 지도사원을 선임한다. 지도사원은 부서장이 직접 하거나, 해당 업무 경력이 2년 이상인자(타사 경력 인정) 또는 해당 OJT 교육과목에 충분한 능력이 있다고 인정된 자 중에서 선임한다.

(2) 지도교재

지도사원은 교육용 교재를 별도 작성, 유지하여야 한다. 교육용 교재는 사내 기술자료(작업표준서 등)으로 대체할 수 있다.

5) 계획서 작성 및 결과 기록 유지

(1) 지도사원은 효과적인 지도를 위해 "교육훈련 계획서(EQ-P-730-01)"를 작성하여 안전관리부서장의 승인을 득한다.

(주)이큐	절차서	문서번호	EQ-P-0720
		제정일	20XX.XX.XX
		개정일	
	교육 및 훈련관리	개정번호	01
		PAGE	8 / 9

    (2) 피 교육사원은 지도 기간 중 교육받은 내용을 "교육훈련 보고서(EQ-P-730-02)"에 기록하여 지도사원에게 제출하고 부서장 및 안전관리부서장의 결재를 득한다.

    (3) 지도사원은 OJT 실시 완료 후 시험 또는 실기를 통해 평가를 실시하여 교육훈련 효과를 파악한다.

7.4.3 교육 수칙

  1) 각 부서장은 부하 육성을 위하여 OJT 실시, 자기 개발지원 및 사·내외에서 이루어지는 교육의 위탁 및 관리를 해야 할 책임이 있다.

  2) 사원은 조직에서 지시 받은 교육은 반드시 이수하여야 한다. 단, 휴직 또는 기타 사유로 교육 이수가 불가능하다고 인정되는 경우에는 예외로 한다.

  3) 피 교육생은 교육자의 지시를 준수하여야 한다.

  4) 교육 중 발생한 신상 또는 교육에 관련된 중요 사항에 대하여는 지체 없이 교육주관부서장에게 통보하여야 한다.

7.5 사내 자격인증 관리

  1) 사내에 특정한 배정업무를 수행하는 인원에 대해서는 자격을 부여하고, 해당 업무는 유자격자에 의하여만 수행되도록 통제한다.

  2) 자격 인증기준은 고객의 자격인증에 대한 지침이 있는 경우에는 고객 요구사항의 충족에 특별한 주의를 갖고 자격을 부여한다.

7.6 사후관리

모든 종업원의 개인별 교육훈련 이수 현황은 "개인별 교육훈련 이력카드(EQ-P-730-03)"에 기입하여 교육이력을 유지 관리한다.

(주)이큐	절차서	문서번호	EQ-P-0720
		제정일	20XX. XX. XX
		개정일	
	교육 및 훈련관리	개정번호	01
		PAGE	9 / 9

8. 관련 양식

NO	서식명	서식번호	보존연한	보관부서
1	교육훈련 계획서	EQP-0720-01		
2	교육결과 보고서	EQP-0720-02		
3	개인별 교육훈련 이력카드	EQP-0720-03		

(주)이큐	절차서	문서번호	EQ-P-0730
		제정일	20XX. XX. XX
		개정일	
	인식 및 의사소통	개정번호	01
		PAGE	1/4

1. 적용 범위 및 목적

본 지침서는 조직에서 운영되는 내부 의사소통 및 고객과의 의사소통 방법 및 절차에 대하여 적용한다.

2. 목적

본 지침서는 안전보건에 영향을 주는 모든 이해관계자 간의 신속 정확한 업무의 협의로서 대내외적인 문제 해결을 위한 체계를 확립하고 안전보건 향상의 자료로서 활용할 것을 목적으로 한다.

3. 책임과 권한

3.1 최고경영자
 1) 최고경영자는 조직 내에 적절한 의사소통 프로세스가 수립되고, 안전보건경영시스템의 효과성에 대하여 의사소통이 원활이 이루어지고 있음을 보장할 책임이 있다.
 2) 최고경영자는 법적 및 규제적 요구사항뿐만 아니라 고객 요구사항 충족의 중요성을 각종 회의 등을 통하여 조직과 의사소통을 할 책임이 있다.

3.2 안전관리부서장
안전관리부서장은 고객과의 의사소통을 위한 효과적인 방법을 결정하고 실행할 책임이 있다.

3.3 각 부서장
 1) 각 부서장은 의사소통을 위한 각종 회의체에 참석하여야 하며 활발하게 의견을 제시하여 안전보건경영시스템의 효과성을 향상 및 지속 개선할 책임이 있다.
 2) 각 부서장은 안전보건성과와 고객만족 수준을 부서원에게 전파할 책임이 있다.

(주)이큐	절차서	문서번호	EQ-P-0730
		제정일	20XX. XX. XX
		개정일	
	인식 및 의사소통	개정번호	01
		PAGE	2 / 4

4. 인식

4.1 인식 내용 및 교육/홍보

1) 조직의 관리하에 업무를 수행하는 전 종업원은 다음 사항을 인식 및 이해하여야 한다.
    (1) 안전보건방침
    (2) 관련된 안전보건목표
    (3) 안전보건경영시스템의 효과성에 대한 자신의 기여 내용 및 개선된 성과의 이점
    (4) 안전보건경영시스템의 요구사항에 부적합한 경우에 발생되는 영향
2) 안전관리부서장은 안전보건방침, 안전보건목표 등은 적당한 곳에 게시를 하여 전 종업원이 이해할 수 있도록 하고, 경영검토 사항 및 프로세스 모니터링 관리 사항은 게시판에 게시 또는 자료를 회람하여 안전보건경영 성과와 고객만족 수준 등의 안전보건경영시스템 운영 효과성을 전 부서원에게 전파한다.
3) 각 부서장은 안전보건경영시스템에 대하여 소속 부서원에게 지속적으로 교육을 실시하고 안전보건경영시스템의 요구사항에 부적합한 경우에 발생되는 영향에 대하여 인식을 갖도록 한다.

5. 내부 의사소통

5.1 내부 의사소통 절차

1) 내부 의사소통은 게시, 전자매체, 전화, 회의 등과 같은 방법을 사용하여 실행한다.
2) 경영방침, 경영목표 등은 게시를 하여 전 종업원이 이해할 수 있어야 하고, 경영검토 사항, 경영실적 관리 사항은 게시판에 게시 또는 자료를 회람하여 안전보건경영 성과와 고객만족 수준 등의 경영시스템 운영 효과성을 전 부서원에게 전파한다.
3) 회의는 경영검토회의, 관리자 회의, 전 부서원 회의 등을 실시하며 필요시에는 회의록을 작성한다.
4) 각 부서장은 조직의 중요 경영정보 및 의사결정 사항을 업무연락을 통하여 부서 간에 공유하고 부서원에게 즉시 전달 및 교육을 통하여 의사소통이 원활하게 되도록 한다.

(주)이큐	절차서	문서번호	EQ-P-0730
		제정일	20XX. XX. XX
		개정일	
	인식 및 의사소통	개정번호	01
		PAGE	3 / 4

5.2 경영검토회의
  1) 경영검토회의는 관리부서 주관으로 년 1회 실시한다.
  2) 경영검토회의 참석자는 최고경영자, 임원, 부서장 및 최고경영자가 지명하는 자로 한다.
  3) 경영검토회의는 안전보건방침 및 안전보건목표를 포함하여 안전보건경영시스템에 대한 개선기회의 평가 및 변경에 대한 필요성 평가를 포함한 경영시스템 정보들에 대하여 최고 경영자가 검토하고 참석자들이 의사소통한다.
  4) 경영검토회의 세부절차는 "경영검토 절차서(EQ-P-0950)"에 따른다.
  5) 경영검토회의 결과는 부서장을 통해 전 부서원에게 전달되어 의사소통된다.

6. 안전보건관련 외부 의사소통 절차

6.1 외부 의사소통
  1) 외부 커뮤니케이션이 접수되는 다음의 정보는 기록되고 보고되어야 한다.
      (1) 이해관계자의 요구사항(구두 포함)
      (2) 민원발생 또는 발생 예상
      (3) 지역 안전보건 관련 법규 개정사항
      (4) 외부 점검/감사지적 사항
      (5) 안전보건 관련 사고 발생
      (6) 기타 언론매체 보도 또는 보도 예상
  2) 외부 커뮤니케이션 시 접수된 관련 정보는 접수자가 "의사소통 관리대장(EQ-P-0730-01)"에 기록하고 관련 부서장에게 통보하며, 각 부서장은 내부조직(외부 이해관계자로 부터 접수건 포함)으로부터 접수된 내용을 의사소통 관리대장에 기록하고, 회신 및 처리가 필요한 민원 발생 사항에 대해 관련 부서장이 최종 종결 시까지 추적, 관리한다.

(주)이큐	절차서	문서번호	EQ-P-0730
		제정일	20XX. XX. XX
		개정일	
	인식 및 의사소통	개정번호	01
		PAGE	4 / 4

3) 외부 커뮤니케이션시 의사전달 방법은 일반적으로 다음의 매체를 이용한다.
   (1) 전화 및 팩스
   (2) 서류/공문
   (3) 인터넷 웹사이트
4) 안전관리부서장은 안전보건 사고, 중요한 안전보건정보 등 조직적 대비가 필요한 사항에 대해서는 해당 관리자 회의에 상정하여 대책을 강구한다.

6.2 핫라인(Hot-Line) 운영
   1) 비상사태, 법적 제재가 예상되는 안전보건 사고 발생, 긴급히 조직 차원의 대책을 강구하여야 하는 안전보건정보 발생 시에는 최초 발견/접수자는 즉시 당사 핫라인을 이용하여 선 보고하고 조치를 강구하여야 한다.
   2) 안전관리부서장은 조직변동 등 변경사항 발생 시 핫라인 체계를 개정 관리하고 각 부서장에 배포하여야 하며, 각 부서장은 자체 핫라인 체계를 유지하여야 한다.

7. 관련 양식

NO	서식명	서식번호	보존연한	보관부서
1	의사소통 관리대장	EQP-0730-01		
2	회의록	EQP-0730-02		
3				

(주)이큐	절차서	문서번호	EQ-P-0740
		제정일	20XX. XX. XX
		개정일	
	문서화 정보관리	개정번호	01
		PAGE	1 / 7

1. 적용 범위

본 절차서는 조직의 안전보건경영시스템에 관련된 문서화된 정보의 작성범위, 작성 및 갱신 절차, 관리 방법에 대한 책임과 권한, 절차에 대하여 적용한다.

2. 목적

본 절차서는 문서화된 정보에 대한 관리 절차를 규정함으로서 문서화된 정보를 효과적으로 관리함을 목적으로 한다.

3. 용어의 정의

3.1 문서화된 정보

문서화된 정보란 조직이 안전보건경영시스템의 기획과 운용에 필요한 문서, 외부 출처의 자료, 기록 등을 포함한 통합된 정보를 말한다.

3.2 문서(DOCUMENT)

1) 문서는 안전보건 문서와 일반 문서로 나눈다.
2) "안전보건 문서"는 안전보건시스템의 내용을 개발한 문서로서 안전보건경영 매뉴얼, 안전보건 절차서, 안전보건 지침서, 안전보건계획서, 전자매체, 사외규격 등 안전보건 시스템과 직접적인 관련이 있는 문서를 말하며 작성, 검토, 승인 및 개정 관리가 이루어져야 한다.
3) "일반 문서"는 조직의 경영 전반과 일상 업무수행(회계업무 포함)에 필요한 기본 절차서를 개발한 문서를 말한다.

3.3 자료(DATA)

판단 기준을 제공하는 문서로서 고객으로부터 제공된 자료 또는 사외규격 및 법규 등 외부에서 발행된 문서를 말한다.

(주)이큐	절차서	문서번호	EQ-P-0740
		제정일	20XX. XX. XX
		개정일	
	문서화 정보관리	개정번호	01
		PAGE	2/7

3.4 기록(RECORD)
문서의 내용에 대한 적합성의 증거로 일정 서식(양식)에 의해 작성된 문서를 말하며, 기록은 임의로 수정할 수 없으며 보관 및 보존 기간이 설정되어야 한다.

3.5 보관 책임부서
문서 및 기록을 작성하고 보관할 책임이 있는 부서로서 해당 부서를 말한다.

3.6 보존 책임부서
보관 책임부서로부터 이관된 기록을 보존할 책임이 있는 부서로서 관리부를 말한다.

3.7 기록의 보관
해당 부서에서 발생된 기록을 보존 책임부서에 이관하기 전까지 보관 부서 자체에서 관리하는 것을 말한다.

3.8 기록의 보존
보관 책임부서에서 자체 보관기간이 경과된 기록을 소정의 보존연한에 따라 보존 책임부서에 이관하여 관리하는 것을 말한다.

3.9 관리본
문서가 제정되어 발행된 이후, 그 개정본이 계속적으로 배부됨으로써, 항상 최신본이 유지되는 문서를 말한다.

3.10 비관리본
문서가 발행된 이후 그 개정본이 배부되지 않은 참고용 문서를 말한다.

(주)이큐	절차서	문서번호	EQ-P-0740
		제 정 일	20XX. XX. XX
		개 정 일	
	문서화 정보관리	개정번호	01
		PAGE	3 / 7

4. 문서화된 정보관리 절차

4.1 문서(DOCUMENT)

  4.1.1 문서의 작성

    1) 안전보건계획서(QUALITY PLAN)

      고객에게 안전보건을 만족, 육성하는 과정 및 제반 절차에 관한 사항을 기록한 문서를 말한다.

    2) 국제표준

      국제표준의 제정 또는 개정 및 폐지 사유가 발생하면 해당 업무 담당자는 신청서와 개정 이력을 작성하여 조직의 확인을 받은 후 관리부로 송부하여야 한다.

  4.1.2 심의 및 승인

    1) 각 부서에서 작성된 문서는 관련부서 심의 전에 작성순서, 방법, 오탈자 등에 대한 모순 사항이 없는지 여부를 각 부서장에게 확인받아야 한다.

    2) 각 부서는 작성된 문서에 대하여 각 부서장, 안전관리부서장 및 최고경영자 등 책임 및 권한이 있는 사람의 심의 및 검토, 승인을 득하여 관리부로 송부한다.

    3) 문서는 문서의 표지에 작성 및 심의, 검토 승인권자가 반드시 서명 또는 날인하고 일자를 기록하여야 한다.

  4.1.3 등록 및 배포

    1) 등록된 문서는 각 부서 단위로 문서 제·개정 시마다 "문서배포처대장(EQ-P-0740-02)"을 작성하여 제정, 개정된 문서와 같이 배포하고 "구본"은 회수토록 한다.

    2) 문서의 효력은 시행일자가 표시된 경우는 시행일로 하고, 별도 시행일이 명기되지 않은 경우는 관리부에서 배포한 다음 일자부터 효력을 발생한다.

    3) 문서는 "관리본"과 "비관리본"으로 구분하며 해당 문서의 표지에 관리번호를 부여하거나, 관리본 표시로서 식별하여 관리한다.

    4) 지식보존을 목적으로 문서를 보존할 경우 "구본"이라는 내용을 스탬핑을 하여 표시를 하여야 한다.

(주)이큐	절차서	문서번호	EQ-P-0740
		제정일	20XX. XX. XX
		개정일	
	문서화 정보관리	개정번호	01
		PAGE	4 / 7

4.1.4 문서의 제정, 개정, 폐지

  1) 문서는 전사조직의 변경, 중요시스템의 변경, 중요 공정 변경 등의 사유 발생 시 제정, 개정, 폐지할 수 있다.

  2) 문서의 제정, 개정은 신청서 작성하여 관련부서 협의를 거쳐 4.1.3 절차에 따라 검토, 승인되어야 한다.

  3) 문서의 개정 부분은 문서의 맨 좌측에 "◀"로 최근 개정 부분에만 표시하며, 문법적인 오류, 오타, 탈자에 대한 수정은 개정으로 인정하지 않는다.

  4) 문서의 개정은 CHARTER 별로 이루어지며, 내용이 전반적으로 바뀐 경우나 개정번호를 "0"으로 하여 재 작성한다.

4.2 기록(RECORD)

  4.2.1 보관 및 보존 연한

기록은 부서 자체 보관기간과 보존기간을 합하여 다음 기준에 따라 보관 및 보존 연한을 설정하여야 한다.

  1) 영구보존 : 원본과 사본을 영구히 보존하는 기록

  2) 사업기간(또는 1년) : 보관

  3) 사업종료 후 보관기간(또는 법정기간) : 보존

  4.2.2 기록의 파악 및 정리

각 부서별 보관책임자는 기록이 적용된 업무의 관계를 파악할 수 있도록 다음 사항을 확인하고 관리한다.

  1) 발생된 기록이 해당 문서에 기록으로 절차서 된 것인지 확인한다.

  2) 기록이 절차서에 따라 작성되고, 책임 있는 자에 의하여 승인되었는지를 확인한다.

  3) 손상, 훼손이 발생할 소지를 최소화할 수 있도록 편철되었는지 확인한다.

  4) 기록의 정정은 원본을 작성한 부서에서 정정 및 보완되어야 하며, 기록의 정정 시에는 정정 내용을 적색으로 두줄을 긋고 작성자가 서명 또는 날인하여야 한다.

(주)이큐	절차서	문서번호	EQ-P-0740
		제정일	20XX. XX. XX
		개정일	
	문서화 정보관리	개정번호	01
		PAGE	5 / 7

4.2.3 파일링(편집)

  1) 기록은 완결 일자 순으로 최근 문서가 상부에 오도록 파일링한다.

  2) 파일의 편집은 업무 기능별로 구분한다.

  3) 인쇄물이나 책자 등 파일에 편집하기 곤란한 경우에는 표면에 해당 부서명, 일자 및 제목을 기재하여 보관한다.

4.2.4 보관 및 유지

  1) 기록보관책임자는 해당 기록을 업무 특성별로 분류하여 해당 부서의 서류 보관함 등에 부서 단위별로 보관 관리를 하여야 하며, 기록 열람 시 즉시 검색할 수 있도록 유지 관리하여야 한다.

  2) 고객이 제공한 도면 및 시방서는 문서대장에 기록하고 하자 보증기간 동안 보관, 관리한다.

4.2.5 보관 기록의 폐기

기록보관책임자는 자체 보관 중인 기록의 보관 연한 경과 시 해당 기록을 폐기한다. 단, 보존을 요하는 문서는 관리부로 이관한다.

4.2.6 기록의 이관

  1) 기록을 이관할 때에는 파일을 재분류하고, 보존 연한별로 파일명, 보존 연한, 폐기 연도를 기입하여 관리부 담당에게 이관하여야 한다.

  2) 보존책임자는 이관한 기록이 손상 및 훼손되지 않도록 파일링 되었는지를 확인하며, 미흡한 사항에 대하여 해당 부서에 반송하여 시정토록 하여야 한다.

4.2.7 기록의 보존 및 폐기

  4.2.7.1 기록의 보존

    1) 보존책임자는 보존기록을 부서별, 보존 연한별로 분류하여 관리하여야 한다.

    2) 보존책임자는 보존 관리담당자를 지정하여 운영할 수 있다.

    3) 보존책임자는 각 부서에서 이관된 기록이 훼손, 분실되지 않도록 관리할 책임이 있다.

(주)이큐	절차서	문서번호	EQ-P-0740
		제정일	20XX. XX. XX
		개정일	
	문서화 정보관리	개정번호	01
		PAGE	6/7

4.2.7.2 보존기록의 폐기

보존책임자는 매년 초에 보존 연한이 경과된 기록을 발췌하여 각 부서에 통보하여 폐기토록 한다. 단, 법적 또는 지식보존을 위해 폐기되는 문서를 보유할 경우 해당 문서의 겉표지 또는 파일표지에 "구본"이라는 스탬핑을 하여 식별한다.

4.3 사외규격의 관리

1) 사외규격은 국가규격, 국제규격, 단체규격을 말하며 관리부서장은 제품에 관한 사항, 기타 사항을 조직 업무와 관련된 사외규격을 선정하여 필요한 업무에 적절히 이용될 수 있도록 하여야 하며, 입수된 규격은 관련 부서에 배포하여 활용될 수 있도록 하여야 한다.
2) 사외규격에 대하여 관리부서 담당은 년 1회 이상 최신본 확인을 하여야 한다.

4.4 전산자료(파일)의 관리

조직에서 사용되는 전산자료는 본 절차서의 절차에 따라 동일하게 발행, 관리되어야 한다.

5. 보관 관리

이 절차서의 이행에 따라 발생되는 기록은 본 절차서에 의해 다음과 같이 관리한다.

기록명		보관 및 보존 연한	주관부서
문서 제·개정 심의서	매뉴얼, 절차서	개정 시 까지	관리부
	제표준		〃
문서 배포처 대장	매뉴얼, 절차서	영구	〃
	제표준		〃
문서파일 목록		개정 시 까지	〃
사외규격 관리대장		영구	〃
서버(디스켓) 관리대장		영구	〃

(주)이큐	절차서	문서번호	EQ-P-0740
		제정일	20XX. XX. XX
		개정일	
	문서화 정보관리	개정번호	01
		PAGE	7 / 7

6. 관련 양식

NO	서식명	서식번호	보존연한	보관부서
1	문서 제·개정 심의서	EQP-0740-01		
2	문서배포 관리대장	EQP-0740-02		
3	문서 목록표	EQP-0740-03		
4	외부문서 관리대장	EQP-0740-04		
5	서버(디스켓) 관리대장	EQP-0740-05		

(주)이큐	절차서	문서번호	EQ-P-0810
		제 정 일	20XX. XX. XX
		개 정 일	
	운용기획 및 관리	개정번호	01
		PAGE	1 / 3

1. 목적 및 적용 범위

1.1 목적

본 절차서는 조직의 주요 위험요인의 관리에 필요한 일상 운영의 관리 절차를 마련하고 규정된 조건하에서 이를 운영함으로써 안전보건방침 및 목표를 달성하는 것을 그 목적으로 한다.

1.2 적용 범위

조직의 주요 안전보건영향과 안전보건방침, 안전보건목표 및 세부목표에 관련이 있는 기능, 활동, 절차 등을 파악하고 관리기준에 따라 이들을 운영하는데 적용한다.

2. 용어정의

2.1 안전보건관리

재해나 질병으로 인한 인적, 물적, 배상 책임 손실을 예방하기 위한 제반 계획, 통제, 확인, 조정 행위 등을 말한다.

3. 세부 업무절차 및 방법

3.1 안전보건 모니터링 및 측정 장치 관리

본 업무절차는 안전보건업무 운영관리에 관련된 안전보건 모니터링 및 측정의 관리를 효율적으로 하는 것을 목적으로 하며, "안전보건점검 및 측정관리 절차서(EQ-P-920)"에 따라 유지, 관리한다.

3.2 소방시설 관리

본 업무절차는 화재 발생 시 인명 및 재산의 손실을 최소화하는 것을 목적으로 하며, 필요한 경우에 한해 관련 안전보건지침서를 작성, 수립하고 이에 따라 해당 업무를 운영, 관리한다.

(주)이큐	절차서	문서번호	EQ-P-0810
		제정일	20XX. XX. XX
		개정일	
	운용기획 및 관리	개정번호	01
		PAGE	2 / 3

3.3 조직 일반시설 관리
본 업무절차 조직에서 업무의 보조 및 효율을 기하기 위한 목적으로 하며, 필요한 경우에 한해 관련 안전보건지침서를 작성, 수립하고 이에 따라 해당 업무를 운영, 관리한다.

3.4 조직 공용시설 관리
본 업무절차는 조직원의 편리성 및 복리후생을 위한 목적으로 하며, 필요한 경우에 한 해 관련 안전보건지침서를 작성, 수립하고 이에 따라 해당 업무를 운영, 관리한다.

3.5 위험성 평가
본 업무절차는 조직 사업장에 잠재되어 있는 위험요인을 체계적으로 파악하여 산업재해를 예방하는데 목적으로 하며, 필요한 경우에 관련 안전보건지침서를 작성, 수립하고 이에 따라 해당 업무를 운영, 관리한다.

3.6 자격부여 및 교육
본 업무절차는 안전보건에 영향을 주는 활동에 종사하는 모든 직원에 대하여 필요한 자격부여 및 교육, 훈련을 실시함으로써 업무기능을 효과적으로 수행하는데 목적이 있으며 "교육 및 훈련 관리 절차서(EQ-P-0720)"에 따라 관련 업무를 실시 관리한다.

3.7 비상사태 대비 및 대응
본 업무절차는 조직 활동의 안전보건관련 비상사태를 사전에 예측하여 대응 및 예방하고 발생 시 효과적으로 대처하여 인명 및 재산을 보호하는데 목적이 있으며 "비상사태 대비 및 대응 절차서(EQ-P-0820)"에 따라 관리한다.

(주)이큐	절차서	문서번호	EQ-P-0810
		제정일	20XX. XX. XX
		개정일	
	운용기획 및 관리	개정번호	01
		PAGE	3 / 3

3.8 안전보건 부적합의 시정

　1) 각 부서장은 위험물 관리 등 안전보건 관련 업무 운영 중 안전보건 부적합 사항이 발생했을 경우 즉시 위험요인을 방지 또는 감소시킬 수 있는 필요한 조치를 취해야 한다.

　2) 즉시 수정이 가능하고 재발의 우려가 없으며, 안전보건에 심각한 변화를 초래하지 않는 경미한 부적합 사항은 각 부서장 책임하에 단순 수정조치를 실시할 수 있다

　3) 중대한 위험요인 부적합의 처리/처분은 안전관리부서장 및 최고경영자에게 그 내용 및 처리/처분 방안을 보고하고, 승인된 방안에 따라 관련 조치를 실시하여야 한다.

　4) 안전보건 부적합의 처리/처분 후 재발여부 또는 재발 가능성을 평가 또는 판단하여 재발 사항이거나 재발 가능성이 있을 경우에는 그 발생 원인을 파악, 분석하여 관련 시정조치를 실시하여야 한다.

　5) 안전보건 부적합 사항의 처리/처분에 관련된 사항을 "부적합 및 시정조치 절차서(EQ-P-1010)"에 따라 관리하여야 한다.

3.9 안전보건 부적합의 시정조치

본 업무절차는 당사의 내부 안전보건심사 결과 안전보건 관련 부적합 사항 등이 발생할 경우 관련 시정조치를 실시함으로써 안전보건 재발방지에 그 목적에 따라 관리한다.

(주)이큐	절차서	문서번호	EQ-P-0820
		제정일	20XX. XX. XX
		개정일	
	비상사태 대비 및 대응 관리	개정번호	01
		PAGE	1 / 6

1. 적용 범위

이 절차서는 조직에서 발생될 수 있는 중대한 안전보건 사고 예견 시 혹은 발생 시 신속하고 효율적인 대응을 하여 사고를 사전에 예방하거나 인명 및 재산 피해를 최소화하기 위하여 조직적인 인명구조 및 복구활동을 지원함으로써 당사의 사회적 책임과 역할수행 및 대국민 이미지 제고를 위한 절차를 기술한다.

2. 목적

본 절차서는 활동의 비상사태를 사전에 예측하여 대응 및 예방하고 발생 시 효과적으로 대처하여 근로자의 재해, 부상을 예방하고 재산을 보호하는 것을 목적으로 한다.

3. 용어의 정의

3.1 비상사태
화재 풍수해 및 기타사고 등 예상되지 않은 사고로 심각한 피해 또는 인적, 재산적 손실이 발생할 수 있는 상태

3.2 대비
비상사태 발생을 미연에 방지하기 위한 대응책

3.3 대응
어떤 비상사태에 맞추어 태도, 행동을 취하는 상태

3.4 산업재해
노동과정에서 작업환경 또는 작업 행동 등 업무상의 사유로 발생하는 노동자의 신체적·정신적 피해

(주)이큐	절차서	문서번호	EQ-P-0820
		제정일	20XX. XX. XX
		개정일	
	비상사태 대비 및 대응 관리	개정번호	01
		PAGE	2/6

3.5 예방조치
사고가 나기 전에 미리 조치를 취하는 것

4. 책임 및 권한

4.1 비상대책위원회 위원장(최고경영자)
  1) 비상대책위원회 위원장은 최고경영자로 한다.
  2) 비상대책위원회 부위원장이 보고하는 긴급사태 발생 시의 지침을 승인한다.
  3) 비상대책위원회 회의록을 검토하고 시행한다.

4.2 비상대책위원회 부위원장(지휘통제실장, 안전관리부서장)
  1) 비상대책위원회 부위원장은 비상사태 시나리오를 작성하여 비상대책위원회 위원장에게 보고하여야 한다. 각 부서 또는 비상대책위원회에 비상사태의 처리 방법을 결정, 통보하여 비상사태를 최소화하는 방법을 강구한다.
  2) 비상사태에 대하여 외부 이해관계자에게 내용 및 조치사항의 통보 필요성을 파악하여야 한다.
  3) 사태의 통보가 필요한 경우에 비상사태 발생 경위서를 작성하여 발송하여야 한다.
  4) 사고 및 비상사태를 효율적으로 대처하기 위한 비상대책위원회를 편성 유지하여야 한다.
  5) 비상사태 발생 시 직원 및 방문자 인원 확인을 하고 통제하여야 한다.
  6) 비상사태에 관련되는 운영 및 교육을 실시하여야 한다.
  7) 비상대책위원회 위원장 부재 시 비상대책위원회 위원장 권한을 대행한다.
  8) 긴급사태의 모든 처리가 완료되면 유사사고의 발생 가능성 잔존 여부를 확인하고 긴급사태를 해제하여야 한다.

(주)이큐	절차서	문서번호	EQ-P-0820
		제정일	20XX. XX. XX
		개정일	
	비상사태 대비 및 대응 관리	개정번호	01
		PAGE	3 / 6

4.3 비상대책위원회 위원(각 부서장)

1) 사고 및 긴급사태 발생 시 적절히 대처할 비상연락 체계를 수립 유지하여야 한다.
2) 비상사태 발생 대비 비상훈련을 1회/년 실시하여야 한다.
3) 긴급사태에 대하여 처리 방법에 따라 신속히 처리하며 복구를 실시하여야 한다.
4) 발생된 긴급사태에 대하여 조직은 사고 발생 보고서를 작성하여 비상대책위원회 위원장에게 보고한다.
5) 부서원이 대피할 수 있는 비상통로 확보한다.
6) 비상사태 발생으로 대피 시 인원파악을 확인 후 보고한다.
7) 비상사태 시 해당 설비 및 기계를 작동을 정지하여야 한다.
8) 부서장의 부재 시 권한 대행자를 지정하여야 한다.

5. 업무절차

5.1 비상사태 식별
비상사태의 잠재적 발생 가능성은 안전보건 측면 파악 및 위험성 평가를 통해 식별한다.

5.2 비상사태 보고
비상사태 대책위원회 조직 및 보고체계는 비상사태 조직도에 따른다.

1) 비상사태 발생 즉시 사고 당사자나 최초 발견자는 지휘통제실장에게 사고 개요를 유·무선 또는 구두로 보고한다.
2) 보고를 접수한 지휘통제실장은 비상사태라고 판단될 경우 비상사태 대책위원회를 소집, 운영한다.
3) 지휘통제실장은 주간 비상사태 발생 즉시 필요한 경우 유·무선 또는 사내방송시설을 이용하여 전 직원에게 상황을 전파토록 한다.

(주)이큐	절차서	문서번호	EQ-P-0820
		제정일	20XX. XX. XX
		개정일	
	비상사태 대비 및 대응 관리	개정번호	01
		PAGE	4 / 6

   4) 지휘통제실장은 야간비상사태 발생 즉시 필요한 경우 유·무선 통신을 이용하여 각 부서장에게 전파하고 각 부서장은 해당 부서원에게 전파하여 비상 상황을 전 직원에게 전파될 수 있도록 한다.
   5) 지휘통제실장 및 각 부서장은 비상연락망을 사용한다.

5.3 비상대책위원회 운영
   1) 비상사태위원회는 지휘통제실을 운영하며 지휘통제실은 비상연락망, 랜턴 등의 응급장구 및 보호구를 확보하고 있어야 한다.
   2) 의료구호 지원
      사고로 인한 인적, 재산적 피해가 발생 또는 예상될 경우 안전대피를 유도하고 인적 피해가 있을 경우 응급조치, 차량요청, 후송 등의 업무를 지원한다.

5.4 조치 및 복구
   1) 의료구호팀은 사고 관련 외부기관과의 연락망을 확보하고 필요시 지원요청을 한다.
   2) 진압팀은 소화시설을 사용한다.
   3) 진압팀은 비상사태가 확대되어 인적·재산적 피해가 발생 또는 예상되면 전 직원에게 알리고 피해를 최소화하기 위해 응급조치를 실시하여야 한다.
   4) 각 비상사태 부서는 지휘통제실에 수시로 보고하고 필요한 지원을 받는다.
   5) 방호복구팀을 구성하여 현장에 투입 응급조치 및 복구를 하여야 한다.

5.5 비상사태 종료 및 결과보고
   1) 방호복구팀은 비상사태 결과보고서에 사고원인, 조치사항, 피해 상황 등을 파악하여 지휘통제실장에게 보고하고, 보고받은 지휘통제실장은 비상사태 복구 완료되었을 경우 최고 경영자에게 보고 후 종료한다.

(주)이큐	절차서	문서번호	EQ-P-0820
		제정일	20XX. XX. XX
		개정일	
	비상사태 대비 및 대응 관리	개정번호	01
		PAGE	5 / 6

2) 발생 부서장은 재발방지를 위해 정밀 분석하여 비상사태 조치 결과 및 대책을 수립, 보고한다.

3) 비상사태에 대한 내용을 이해관계자가 요구할 경우 공개를 원칙으로 하며, 재발방지를 위해 전 직원에게 원인 및 처리결과를 알려야 한다.

6. 예방조치

6.1 사고나 비상사태의 잠재성을 파악하고 대비하기 위해 유해 위험인자를 선정하여 예방관리한다.

6.2 유해위험 개소에 대해 해당 부서는 비상사태 발생방지를 위해 관련 시설 및 장비 등에 대하여 점검한다.

6.3 비상대책위원회 부위원장은 태풍, 폭우, 폭설, 지진, 화재 등의 천재지변 사고의 비상 사태를 미연에 방지하기 위하여 천재지변 주의 및 경보 발령이 내릴 때는 비상대책위원회 위원을 철야 대기시킬 수 있다.

7. 비상사태 훈련 및 교육

7.1 비상대책위원회 부위원장은 아래 내용을 포함하여 비상사태 조치 방안에 대한 훈련계획을 수립하고 정기적인 훈련을 실시하는 것을 원칙으로 한다.
  1) 응급조치 제공을 포함하여 비상 상황에 대응하는 계획 수립
  2) 대응 계획에 대한 교육훈련 제공
  3) 대응 계획 능력에 대한 주기적인 시험 및 연습
  4) 시험 후 그리고 특히 비상 상황 발생 후를 포함하여 성과를 평가하고 필요한 경우 대응 계획을 개정
  5) 모든 근로자에게 자신의 의무와 책임에 관한 정보를 의사소통 및 제공

(주)이큐	절차서	문서번호	EQ-P-0820
		제정일	20XX. XX. XX
		개정일	
	비상사태 대비 및 대응 관리	개정번호	01
		PAGE	6 / 6

6) 모든 관련 이해관계자의 니즈와 능력을 반영하고, 해당되는 경우 대응 계획 개발에 이해관계자의 참여를 보장

7.2 비상소방훈련, 비상근무활동, 교육(안전보호 관련) 등으로 대치할 수 있다.

7.3 비상사태 시나리오를 제작하여 정기적인 훈련을 실시하고 실시 결과는 "비상사태 훈련실시 보고서(EQ-P-0820-02)"에 기록한다.

8. 의사소통

8.1 모든 근로자에게 자신의 의무와 책임에 관한 정보를 제공하기 위하여 비상사태 조직도는 현장에 게시하고 사내 인트라넷으로 공유한다.

8.2 계약자, 방문자, 비상 대응 서비스, 정부기관 및 적절하게 지역사회와 관련 정보를 의사소통하여야 한다.

9. 기록

NO	서식명	서식번호	보존연한	보관부서
1	비상사태 훈련계획서	EQP-0820-01		
2	비상사태 훈련보고서	EQP-0820-02		
3	비상 연락망	EQP-0820-03		
4				
5				

	절차서	문서번호	EQ-P-0910
(주)이큐		제정일	20XX. XX. XX
		개정일	
	프로세스 성과관리	개정번호	01
		PAGE	1 / 4

1. 적용 범위

본 절차서는 조직의 안전보건경영시스템 운영에 관련된 사업계획 및 프로세스 운영의 모니터링, 측정, 분석 및 평가에 대한 절차 및 책임사항에 대하여 적용한다.

2. 목적

본 절차서는 조직의 안전보건경영시스템 운용에 대한 부서별 사업계획 및 프로세스별 성과 및 효과성 평가/분석 등을 체계적으로 수행하여 단기적인 경영목표를 효과적으로 달성하고 중장기적으로는 전략목표를 달성하는데 그 목적이 있다.

3. 용어의 정의

3.1 안전보건경영계획

"안전보건경영계획"이란 수치를 포함한 안전보건경영을 위한 구체적인 목표, 목표 달성을 위한 활동계획 등을 말하며, 이는 각 부서별로 수립하여 조직 전체의 계획으로 종합하며, 매 연말 차기 연도 분을 수립하며, 각 부서별의 주요업무, 주요성과지표(KPI : Key Performance Indicators), 활동사항 등으로 구성된다.

3.2 안전보건경영관리

"안전보건경영관리"란 "안전보건경영 계획" 수립, 안전보건경영 계획에 따른 실적관리, 모니터링 및 평가/분석 등 안전보건경영 계획 및 안전보건경영 계획과 관련된 제반사항의 관리를 의미한다.

3.3 안전보건목표

장래 도래해야 할 목표치와 기한을 제시한 것으로 안전보건경영목표, 부분별 목표 등으로 안전보건경영목표와 그 실시 수단 및 사고체제를 제시한 것

(주)이큐	절차서	문서번호	EQ-P-0910
		제 정 일	20XX. XX. XX
		개 정 일	
	프로세스 성과관리	개정번호	01
		PAGE	2 / 4

3.4 성과지표관리(KPI)
규정된 목표 달성을 위하여 조직운영 및 프로세스에 대한 측정, 모니터링, 분석을 실시하고 조직 및 프로세스의 제어가 유효한지를 확인하여 계획된 결과를 달성하기 위한 적절한 조치를 취하는 등의 일련의 성과지표 관리 활동을 말한다.

4. 책임과 권한

4.1 최고경영자
   1) 매 연도별 안전보건목표를 설정하여 전 임직원들에게 전파하고, 각 부문별 안전보건계획을 수립/추진하게 한다.
   2) 중장기 및 연도 안전보건경영계획을 승인하고 경영실적회의를 주재한다.

4.2 안전관리부서장
   1) 중장기 및 연도 안전보건경영계획 검토 및 설정
   2) 주기적 안전보건경영실적 및 프로세스 성과 검토 및 분석

4.3 각 부서장
   1) 부서의 중장기 및 연도 안전보건경영계획서 작성 및 월별, 연도별 실적 보고
   2) 안전보건방침, 안전보건목표 및 안전보건경영 실적의 부서원 전달 및 교육

5. 업무 절차

5.1 안전보건 분석/보고 및 경영정보 제공
안전관리부서장은 매 연말 차기 연도의 사업계획 수립을 위한 대내·외 경영 안전보건을 분석하고 경영자에게 제공, 보고한다.

	절차서	문서번호	EQ-P-0910
(주)이큐		제정일	20XX. XX. XX
		개정일	
	프로세스 성과관리	개정번호	01
		PAGE	3 / 4

5.2 안전보건경영계획 작성
 1) 최고경영자는 5.1항의 정보를 참조하여 차기 연도의 안전보건경영계획 작성을 지시한다. 최고경영자는 안전관리부서장과 협의하여 차기 연도의 주요 안전보건계획 목표 등 안전보건계획 수립 지침을 제시할 수 있다.
 2) 안전관리부서장은 경영자 지시사항을 근거로 안전보건계획 수립에 착수한다.

5.3 부서별 목표 수립
 1) 안전관리부서장은 설정된 안전보건경영계획 지침에 따라 각 부서별의 안전보건경영계획 수립을 요청한다.
 2) 각 부서장은 안전관리부서에서 요청된 내용에 따라 안전보건경영계획 및 프로세스별 성과지표를 수립하여 안전관리부서로 통보한다.
 3) 양식은 안전관리부서에서 별도 정한 사항 이외에는 부서의 특성에 맞게 작성한다.
 4) 각 부서장은 각 부서별의 안전보건경영계획 및 프로세스별 성과지표를 종합하여 안전관리부서장 및 최고경영자의 승인을 득하고, 경영계획보고회를 개최하여 관련 정보를 공유한다.
 5) 각 부서장은 승인된 각 부서별의 안전보건경영계획을 소속 부서원들에게 전파하고 계획에 의거 실행하도록 한다.

5.4 안전보건경영 실적 및 프로세스 성과보고
 1) 안전관리부서장은 매월 각 부서별 프로세스 성과지표 계획 대 실적자료를 요청하고, 각 부서장은 해당 부서의 실적 자료를 작성하여 안전관리부서로 통보한다.
 2) 안전관리부서장은 정기적으로 안전보건경영 실적보고회 등을 통하여 각 부서별 안전보건경영계획 및 성과지표에 대한 실적을 발표하게 하고 경영자의 지시사항 등 회의 결과를 정리하여 필요 시 관련부서에 피드백한다.

(주)이큐	절차서	문서번호	EQ-P-0910
		제정일	20XX. XX. XX
		개정일	
	프로세스 성과관리	개정번호	01
		PAGE	4 / 4

5.5 사후관리

1) 안전관리부서장은 각 부서별 경영실적관리 사항에 대하여 "성과지표 관리대장(EQ-P-0910-01)"에 실적을 기록하고 모니터링 및 평가/분석하여 필요시 해당 부서에 시정/개선 등의 조치를 요구하고 해당 부서에서는 적절한 시정/개선 등의 조치를 취하여야 한다.

2) 최고경영자는 각 부서별 안전보건경영실적관리 사항에 대한 연도별 종합실적을 평가하여 인사평가 또는 성과평가에 반영하도록 한다.

5.6 성과지표관리

안전관리부서장은 각 프로세스별로 관리해야 할 성과지표 항목에 대한 성과를 안전보건경영검토 입력 자료로 활용한다.

6. 관련 양식

NO	서식명	서식번호	보존연한	보관부서
1	연간 성과지표 관리대장	EQ-P-0910-01		
2				
3				

(주)이큐	절차서	문서번호	EQ-P-0920
		제정일	20XX. XX. XX
		개정일	
	안전보건검검 및 측정관리	개정번호	01
		PAGE	1/4

1. 목적 및 적용 범위

이 절차서는 조직에서 안전보건에 중대한 영향을 미치는 요인에 대한 관리 및 운영실태를 안전보건점검 및 측정에 의거 정기적으로 점검 및 측정하는 관리 절차에 대하여 적용한다.

2. 책임과 권한

2.1 안전관리부서장

　1) 안전보건점검 및 측정의 검토 및 승인

　2) 안전보건점검 및 측정을 수행할 안전보건담당자의 임명

2.2 안전관리담당자

　1) 안전보건점검 및 측정의 작성

　2) 안전보건점검 및 측정 실시

　3) 안전보건점검 및 측정 장비의 관리 및 검교정 실시

　4) 안전보건점검 및 측정 결과의 기록과 보고 및 조치

　5) 문서관리의 책임

3. 업무 절차

3.1 점검 및 측정계획

　3.1.1 안전관리담당자는 식별된 중대 안전보건요인을 파악하여 점검 및 측정계획을 수립하고 안전관리부서장에게 보고하여야 한다.

　3.1.2 안전보건점검 및 측정기준에 포함되어야 할 사항은 다음과 같다.

　　1) 점검 및 측정분야

　　2) 점검 및 측정대상

　　3) 점검 및 측정방법(자가 및 위탁측정/점검순위/점검자/분야별 측정 장소, 주기 등)

(주)이큐	절차서	문서번호	EQ-P-0920
		제정일	20XX. XX. XX
		개정일	
	안전보건검검 및 측정관리	개정번호	01
		PAGE	2 / 4

4) 점검 및 측정 빈도/주기
5) 기타사항

3.1.3 점검, 측정분야 및 대상에 포함되는 사항은 다음 사항을 고려한다.

분야	대상
안전보건경영 시스템 (시스템점검)	1. 안전보건방침과 목표 및 세부목표의 연계성 2. 안전보건경영프로그램(안전보건요인조사, 안전보건 영향평가, 법규제 및 기타 요구사항, 목표 및 세부목표, 운영관리, 교육훈련, 점검 및 측정 등) 3. 조직 및 책임과 권한 4. 문서관리 5. 커뮤니케이션 및 비상사태에 대한 준비, 대응 6. 점검 및 측정관리
법규제준수 및 안전보건 목표, 세부목표 준수사항 (운영절차관리)	1. 산업안전보건법　　2. 운영관리 관련 규제 요구사항 3. 중대재해처벌법
자주적인 안전보건대책	1. 무재해　　2. 소음, 진동 3. 안전보건 영향 빈도수

3.1.4 점검 방법은 점검 분야 및 대상별 안전보건관리 체크리스트에 의하여 자체 실시하며 측정은 측정장비로 자체 혹은 위탁하여 실시할 수 있다.

3.1.5 점검 및 측정빈도/주기는 관련 법규에 명시되어 있는 경우 우선 적용하며 그 외의 경우에는 각 부서의 안전점검 주기 및 기타 여건을 감안하여 효율적이고 효과적으로 실행될 수 있도록 정한다.

3.1.6 안전관리부서장은 필요시 안전보건관리 체크리스트를 분야별 작성하고 각 부서에서 적용 실행토록 할 수 있다.

3.1.7 점검 및 측정요원인 안전관리담당자에 대한 교육은 교육계획 수립 시에 반영되어야 한다.

(주)이큐	절차서	문서번호	EQ-P-0920
		제정일	20XX. XX. XX
		개정일	
	안전보건검검 및 측정관리	개정번호	01
		PAGE	3 / 4

3.2 점검 및 측정 실시
   3.2.1 안전관리담당자는 안전보건점검 및 측정계획에 따라 점검 및 측정을 실시하여야 한다.
   3.2.2 각 부서 안전관리담당자는 필요시 점검 및 측정을 위임하여 실시할 수 있다.

3.3 점검 및 측정 결과의 조치
   3.3.1 안전관리담당자는 점검 및 측정의 결과를 안전관리부서장에게 보고되어야 한다.
   3.3.2 점검 및 측정 결과 부적합 발생 시 부적합 및 시정조치 절차서에 따라 관련부서/협력업체/담당자에게 통보하고 시정되도록 조치한다.
   3.3.3 각 부서 안전관리담당자는 점검 및 측정결과 중대한 안전보건사고를 야기할 수 있는 부적합 사항을 발견할 경우에는 해당 업무를 일시 중단시킬 수 있으며 즉시 부서장에게 보고, 시정조치를 강구한다.
   3.3.4 부적합 사항은 해당 체크리스트에 객관적 사실을 기입하고 즉시 조치하며 즉시 조치가 불가능하거나 보고되어야 할 중대한 안전보건 부적합 사항은 시정조치요구서를 통하여 처리한다.
   3.3.5 반복되는 부적합 사항이나 중대한 사항은 재발방지와 안전보건 개선활동을 위하여 시정조치요구서를 발부하며 경영자검토 자료로 활용되어야 한다.

3.4 측정 운영관리
   3.4.1 안전보건 요인별로 오염 발생 시 배출/반출량을 요구조건에 따라 주기적으로 측정하고 기록 관리를 하여야 한다.
   3.4.2 안전보건관련 설비, 시설 등이 설계/설치 요구 조건에 부합되게 가동되는지를 일지에 기록하여 관리 유지되어야 한다.
   3.4.3 안전보건방침 및 목표와 연계하여 항상 배출/배출량을 비교 검토하여 관리한다.

(주)이큐	절차서	문서번호	EQ-P-0920
		제정일	20XX. XX. XX
		개정일	
	안전보건검검 및 측정관리	개정번호	01
		PAGE	4 / 4

4. 관련 양식

NO	서식명	서식번호	보존연한	보관부서
1	안전보건점검 및 측정 계획	EQP-0920-01		
2	계측장비 관리대장	EQP-0920-02		
3	계측장비 이력카드	EQP-0920-03		

(주)이큐	절차서	문서번호	EQ-P-0930
		제정일	20XX. XX. XX
		개정일	
	내부심사	개정번호	01
		PAGE	1 / 5

1. 적용 범위
본 절차서는 조직의 안전보건경영시스템을 검증하는 내부심사 업무에 대하여 적용한다.

2. 목적
본 절차서의 안전보건경영 활동이 계획된 조치에 따르는지를 검증하고 안전보건시스템의 유효성을 판단하여 부적합 사항 발생 시 해당 부서로 하여금 개선을 유도함으로서 안전보건시스템을 정착, 발전시키는데 그 목적이 있다.

3. 용어의 정의

3.1 내부심사
조직에서 이루어지고 있는 안전보건 활동 및 그 결과가 계획대로 실시되고 있느냐의 여부와 이들 계획이 효과적으로 진행되어 목표 달성에 적합한 것인지의 여부를 조사하기 위한 체계적이고 독립적인 조사활동을 말한다.

3.2 심사원
내부심사를 수행할 자격을 갖춘 자로 심사팀장과 심사원으로 구분한다.

3.3 피심사부서
내부심사 대응 조직을 말한다.

3.4 부적합
안전보건시스템 요소가 절차서 된 요건에 불충족한 상태를 말한다.

(주)이큐	절차서	문서번호	EQ-P-0930
		제정일	20XX. XX. XX
		개정일	
	내부심사	개정번호	01
		PAGE	2 / 5

4. 책임과 권한

4.1 최고경영자

    4.1.1 연간 내부계획을 검토, 승인한다.

    4.1.2 정기 또는 비정기 심사 실시 계획에 대해 검토, 승인한다.

    4.1.3 심사원에 대한 자격을 인정할 권한이 있다.

4.2 안전관리부서장

    4.2.1 심사원이 작성한 내부감사 체크리스트를 검토, 승인한다.

    4.2.2 내부심사 결과를 경영검토회의 시 보고한다.

    4.2.3 조직에 대해 최소한 년/1회의 내부심사(이하 "심사"라 한다)를 실시할 수 있도록 정기 심사계획을 수립하고 최고경영자의 승인을 득하여 시행해야 할 책임이 있다.

    4.2.4 조직이 변경되거나 중요 시스템이 변경될 시 최고경영자의 승인을 득하여 특별심사를 실시해야 할 책임이 있다.

    4.2.5 정기심사에서 지적된 중대한 부적합 사항에 대하여 사후 관리심사를 시행할 책임이 있다.

    4.2.6 심사 프로그램관리자로 심사원 회의를 주관하고 문제 발생 시 조정할 책임이 있다.

4.3 각 부서장

심사에 대비하고 대응하여 지적된 부적합 사항에 대하여 시정조치할 책임이 있다.

4.4 심사원

    4.4.1 심사부서별 체크리스트를 작성하고 안전관리부서장의 검토를 받을 책임이 있다.

    4.4.2 심사를 실시하고 부적합 사항에 대해 부적합 보고서를 발행할 책임이 있다.

(주)이큐	절차서	문서번호	EQ-P-0930
		제정일	20XX. XX. XX
		개정일	
	내부심사	개정번호	01
		PAGE	3 / 5

5. 업무절차

5.1 심사계획 수립 및 통보

   5.1.1 안전보건부서장은 "( )연도 내부심사 계획서(EQ-P-0930-01)"를 작성하여 최고경영자의 승인을 득한 후 각 피 심사부서와 등록된 내부심사원에게 통보하여야 한다.

   5.1.2 심사실시 최소 2주일 전에는 "심사실시 계획 통보서(EQ-P-0930-02)"를 작성하여 최고경영자의 승인을 득한 후 피 심사부서 및 심사원에게 통보하여야 한다.

   5.1.3 피 심사부서의 사정으로 계획 일정에 심사실시가 불가능할 경우 조직은 안전보건 담당과 심사 일정을 협의하고 조정할 수 있다.

   5.1.4 특별 심사는 사유 발생시 안전관리부서장은 "심사실시 계획 통보서(EQ-P-0930-02)"를 작성하여 최고경영자의 승인을 득하여 피 심사부서 및 심사원에게 통보하여 일정에 따라 시행한다.

5.2 심사실시

   5.2.1 심사원 구성 및 교육

     1) 심사원은 피 심사부서와 직접 관련이 없는 독립적인 요원을 임명하여야 한다.

     2) 심사원은 내부심사원 자격이 부여된 자 이어야 한다.

     3) 안전관리부서장은 필요에 따라 심사 실시 전에 심사원에 대한 교육을 실시할 수 있다.

   5.2.2 안전관리부서장은 심사실시 전에 지명된 심사원을 소집하여 취지 설명 및 제반문제 등 업무를 협의한다.

   5.2.3 심사 실시

     1) 증거의 수집은 문서 및 기록조사와 현장조사를 통해 확인하고 필요시 면담식으로 심사할 수도 있다.

     2) 전회 심사 시의 시정 및 예방조치 상태를 확인하고 조치된 결과가 부적합 시에는 부적합 보고서를 재발행해야 한다.

(주)이큐	절차서	문서번호	EQ-P-0930
		제정일	20XX. XX. XX
		개정일	
	내부심사	개정번호	01
		PAGE	4 / 5

    3) 심사원은 심사 중에 발견된 부적합 사항에 대하여 "시정조치요구서(EQ-P-1010-01)"를 작성하여야 하며 부적합 사항과 관련한 문서의 구체적 요건 항목으로 확인하여야 한다.

    4) 부적합 목록표는 피 심사부서의 동의와 서명을 얻어야 한다.

5.2.4 심사 종결회의

심사팀장은 피 심사부서에 대한 심사 완료 후 피 심사자가 참석한 가운데 심사 종결회의를 실시하며, 주요 의제는 다음과 같다.

    1) 심사 결과 발표

    2) 지적사항 상호 확인

5.3 심사 결과 보고

  5.3.1 심사팀장은 피 심사부서별로 작성한 부적합 목록표를 안전관리부서장에게 제출하고, 안전관리부서장은 "내부심사 결과 보고서(EQ-P-0930-04)"를 작성하여 최고경영자에게 보고하여야 한다.

  5.3.2 심사 결과는 정기 경영자 검토 시 안건으로 상정되어야 한다.

  5.3.3 심사 결과에 따라 필요한 경우 안전보건경영시스템 문서는 개정되어야 한다.

5.4 시정조치

  5.4.1 안전관리부서장은 부적합 목록표를 기준으로 부서별로 "시정조치요구서(EQ-P-1010-01)"를 작성한다. 단, 안전관리부서장이 판단하여 즉시 시정조치가 가능한 경우는 생략한다.

  5.4.2 작성된 시정 및 예방요구서는 심사부서의 확인을 받아 대상 부서에 통보한다.

  5.4.3 요구서를 접수한 부서는 "시정조치 절차서(EQ-P-1010)"에 따라 원인분석 및 대책을 수립하여 그 결과를 회신 기한 내에 안전관리부서장에게 통보하여야 한다.

  5.4.4 안전관리부서장은 부적합 사항에 대한 원인 분석 및 대책수립 사항에 대한 타당성을 검토하고 대책이 부적절하다고 판단되는 경우 다시 "시정조치요구서(EQ-P-1010-01)"를 발행한다.

(주)이큐	절차서	문서번호	EQ-P-0930
		제정일	20XX. XX. XX
		개정일	
	내부심사	개정번호	01
		PAGE	5 / 5

5.4.5 시정 및 예방조치 요구서의 수발은 원본으로 하며, 사본을 해당 부서에서 보관함을 원칙으로 한다.

5.4.6 안전관리부서장은 부적합 사항에 대한 시정 및 예방조치가 계획대로 진행되고 있는지 확인하여 종결 처리하고, 미흡한 사항에 대해서는 차기 심사 시 반영될 수 있도록 한다.

6. 관련 양식

NO	서식명	서식번호	보존연한	보관부서
1	연간 내부심사 계획서	EQP-0930-01		
2	내부심사 실시 계획통보서	EQP-0930-02		
3	내부심사 체크리스트	EQP-0930-03		
4	내부심사 결과 보고서	EQP-0930-04		
5	자격인증 평가표	EQP-0930-05		
6	자격인증서	EQP-0930-06		
7	자격인증 관리대장	EQP-0930-07		

(주)이큐	절차서	문서번호	EQ-P-0940
		제 정 일	20XX. XX. XX
		개 정 일	
	경영검토	개정번호	01
		PAGE	1/5

1. 적용 범위

본 절차서는 조직의 안전보건경영시스템에 대하여 실시하는 정기적, 비정기적인 경영검토에 대한 책임과 권한, 방법 및 절차에 대하여 규정한다.

2. 목적

본 절차서는 안전보건경영시스템을 정기, 비정기적으로 검토함으로서 안전보건경영시스템의 내용이 적절히 보완 유지되고, 효율적으로 이행되고 있음을 보증하는 것을 그 목적으로 한다.

3. 용어의 정의

3.1 경영검토
조직의 경영 전반에 대하여, 경영자가 시행하는 정기적, 비정기적 검토

3.2 안전보건경영시스템
안전보건경영을 실현하기 위한 조직의 구조, 책임, 절차, 과정 및 경영자원을 말하며, 운용을 위한 지침으로 안전보건 매뉴얼, 안전보건절차서 및 제 표준류 등이 포함

4. 책임과 권한

4.1 최고경영자
안전보건경영시스템의 적절성과 유효성을 보증하기 위하여 경영검토를 시행

4.2 안전관리부서
  1) 안전보건경영 검토회의 보고사항 및 내부감사 결과를 기초로하여 각 부서의 협조를 받아 안전보건경영검토 내용을 작성하여 안전관리부서장 및 최고경영자에게 보고하여야 한다.

(주)이큐	절차서	문서번호	EQ-P-0940
		제정일	20XX. XX. XX
		개정일	
	경영검토	개정번호	01
		PAGE	2 / 5

2) 최고경영자가 지시한 시정조치 사항에 대하여는 각 부서장에게 시정조치 실시를 요구하고 확인할 책임이 있다.

4.3 각 부서장
안전보건경영검토 내용 발생 시 안전관리부서에게 보고 자료를 제출하고, 시정조치를 요구받은 사항에 대하여 적절한 조치를 취할 책임이 있다.

5. 경영검토

5.1 경영검토의 구분 및 항목

 5.1.1 경영검토의 구분

  1) 정기경영검토

   최고경영자는 년 1회 이상 조직의 전략적 방향에 대한 안전보건경영시스템의 지속적인 적절성, 충족성, 효과성 및 정렬성을 보장하기 위하여 조직의 안전보건경영시스템을 검토하여야 한다. 단, 조직의 여건에 따라 일정을 조정할 수 있다.

  2) 특별경영검토

   정기 경영검토 외에 중대한 사유 발생 시 일부 또는 전체 안전보건경영시스템을 대상으로 실시하는 것으로 최고경영자의 지시에 따라 실시할 수 있다.

 5.1.2 경영검토의 입력사항

  경영검토의 입력사항(작성자료)은 다음 [표 1]과 같은 사항을 기준으로 한다.

(주)이큐	절차서	문서번호	EQ-P-0940
		제정일	20XX. XX. XX
		개정일	
	경영검토	개정번호	01
		PAGE	3 / 5

[표 1] 경영검토 입력사항

경영검토 항목	작성부서
(1) 이전 경영검토에 따른 조치의 상태	안전관리부서장
(2) 안전보건경영시스템과 관련된 외부 및 내부 이슈의 변경사항	
가. 이해관계자의 니즈 와 기대	각 부서장
나. 법적 요구사항 및 기타 요구사항	안전관리부서장
다. 리스크와 기회	안전관리부서장
(3) 안전보건경영시스템의 성과 및 효과성에 대한 다음의 정보	
가. 사건, 부적합 사항, 시정조치 및 지속적 개선	안전관리부서장
나. 모니터링 및 측정 결과	각 부서장
다. 법적 요구사항 및 기타 요구사항에 대한 준수 평가 결과	안전관리부서장
라. 심사결과	각 부서장
마. 근로자의 협의 및 참여	각 부서장
바. 리스크와 기회	각 부서장
사. 외부공급자의 성과	안전관리부서장
(4) 안전보건방침 및 안전보건목표의 달성 정도	안전관리부서장
(5) 효과적인 안전보건경영시스템을 유지하기 위한 자원의 충족성	각 부서장
(6) 이해관계자와 관련 의사소통	각 부서장
(7) 지속적 개선을 위한 기회	각 부서장

5.1.3 경영검토의 출력 사항

경영검토의 출력 사항에는 다음 사항과 관련된 결정과 조치가 포함되어야 한다.

  1) 안전보건경영시스템의 의도된 결과 달성에 있어서 안전보건경영시스템의 지속적인 적절성, 충족성 및 효과성

  2) 지속적 개선 기회

  3) 안전보건경영시스템 변경에 대한 필요성

  4) 필요한 자원

  5) 필요한 경우 조치사항

  6) 안전보건경영시스템과 기타 비즈니스 프로세스와의 통합을 개선하는 기회

  7) 조직의 전략적 방향에 대한 영향

	절차서	문서번호	EQ-P-0940
(주)이큐		제정일	20XX. XX. XX
		개정일	
	경영검토	개정번호	01
		PAGE	4 / 5

5.2 경영검토 절차

  5.2.1 경영검토 입력사항 자료작성

    1) 안전관리부서는 경영검토회의 일정을 확정하여 각 부서장에게 통보하고 경영검토 입력사항 자료 작성을 요청한다.

    2) 각 부서장은 해당하는 경영검토 입력사항 자료를 작성하여 안전관리부서장에게 통보한다.

    3) 안전관리부서장은 경영검토 입력사항 자료를 종합하여 경영검토회의를 실시한다.

    4) 특별경영검토는 사유 발생 시 작성한다.

  5.2.2 경영검토회의 실시

    1) 최고경영자는 각 부서장이 참석하는 경영검토회의를 주관하여 경영검토 입력사항을 각 부서장으로 보고 받고 토의 및 지시사항을 하달한다.

    2) 최고경영자는 경영검토 출력 사항에 대하여 관련 임원 및 부서장의 의견을 참조하여 최종 결정 및 관련 조치사항을 지시한다.

    3) 안전관리부서장은 최고경영자의 최종 결정 및 지시사항에 대하여 "안전보건경영검토 보고서(EQ-P-0940-01)"의 "검토결과 및 지시사항"란에 기록하고 필요시 회의록을 작성하여 기록 유지한다.

  5.2.3 경영검토 결과에 대한 조치

    1) 경영검토회의 결과의 배포

      안전관리부서장은 최고경영자의 승인을 득한 경영검토서 또는 회의록을 관련 부서에 배포하고 지시사항에 대하여 후속 조치를 하도록 한다.

    2) 시정조치 요구

      안전관리부서장은 경영검토 실시 결과 필요한 사항에 대해서는 "시정조치 절차서(EQ-P-1010)"에 따라 각 부서장에게 시정조치요구서를 발행한다.

    3) 시정 및 예방조치 실시

      안전관리부서로부터 시정조치요구서를 통보받은 각 부서장은 시정조치 절차에 따라 적절한 시정조치를 취해야 한다.

(주)이큐	절차서	문서번호	EQ-P-0940
		제 정 일	20XX. XX. XX
		개 정 일	
	경영검토	개정번호	01
		PAGE	5/5

4) 후속 조치 결과의 확인

안전관리부서는 각 부서에서의 경영검토 결과 후속 조치사항 및 시정조치 사항이 실행되고 효과적인지를 확인한 후 그 결과를 안전관리부서장 및 최고경영자에게 보고하여야 한다.

6. 관련 문서

NO	서식명	서식번호	보존연한	보관부서
1	안전보건경영검토 보고서	EQP-0940-01		

(주)이큐	절차서	문서번호	EQ-P-1010
		제정일	20XX. XX. XX
		개정일	
	사건, 부적합 및 시정조치 관리	개정번호	01
		PAGE	1 / 4

1. 적용 범위
본 절차서는 당사의 업무수행과 관련하여 부적합 사항이 발생하였을 때 원인조사 및 제거를 위한 시정조치 활동에 대하여 적용한다.

2. 목적
부적합 사항의 시정조치에 관한 절차를 수립, 이행함으로써 안전보건경영시스템 운영상 나타난 현존 또는 잠재적 부적합 사항을 효과적으로 조치하여 문제점이 재발되지 않도록 관리하는데 그 목적이 있다.

3. 용어의 정의

3.1 부적합

요구사항의 불충족을 말하며 안전보건경영시스템 운영 관련하여 매뉴얼, 각 절차서, 지침서에서 정한 요구사항에 대하여 절차를 지키지 않았거나 수행한 결과가 불충분한 상태를 부적합이라고 한다.

3.2 시정조치

현존 또는 잠재적 부적합 사항 또는 기타 바람직하지 않은 상황의 재발방지를 위하여 그 원인을 제거하는데 취해지는 조치

4. 책임과 권한

4.1 안전관리부서장
  1) 시정조치 결과에 대하여 확인할 책임이 있다.
  2) 부적합 사항과 안전보건 문제를 평가하고 시정조치 여부를 결정한다.
  3) 각 부서에서 송부된 시정조치 방안과, 완료 예정일 등을 분석, 검토하여 시정조치 처리 방안을 검토한다.

(주)이큐	절차서	문서번호	EQ-P-1010
		제정일	20XX. XX. XX
		개정일	
	사건, 부적합 및 시정조치 관리	개정번호	01
		PAGE	2 / 4

  4) 시정조치 자료를 수집 관리하고 조치 결과에 대한 유효성을 검증한다.

4.2 각 부서장은 다음 사항에 대해서 책임을 진다.
  1) 시정조치요구서를 접수하면 원인 및 대책을 수립하고 시정방안을 제시한다.
  2) 시정조치 요구사항에 대하여 시정한 후 안전관리부서에 결과를 회신한다.

5. 절차

5.1 시정조치 요구 대상

아래의 사항에 해당되는 경우 당면한 부적합의 영향에 따라 중요도 및 재발방지가 요구되는 사항에 대하여 안전관리부서장은 시정조치 요구를 발행할 수 있다.
  1) 안전보건경영시스템의 운영 시 발생한 문제점
  2) 내부심사 및 외부심사 결과 부적합 사항
  3) 경영검토 결과 지적사항
  4) 안전사고 사항
  5) 현장 안전점검 지적사항
  6) 협력업체 평가결과 주요 지적사항
  7) 이해관계자에 의한 불만사항

5.2 시정조치 검토 및 발행
  1) 각 부서장은 5.1항의 시정조치 대상이 발생되면 문제점의 크기와 당면한 부적합의 영향을 판단하여 "시정조치요구서(EQ-P-1010-01)"를 작성하고 안전관리부서장이 이를 검토 및 승인한다.
  2) 안전관리부서장은 시정조치 발행 사항을 "시정조치 관리대장(EQ-P-1010-02)"에 기록하여 등록한다.

(주)이큐	절차서	문서번호	EQ-P-1010
		제정일	20XX. XX. XX
		개정일	
	사건, 부적합 및 시정조치 관리	개정번호	01
		PAGE	3 / 4

   3) 시정조치 발행 부서장은 조치 대상 부서(또는 협력업체)로 통보하여 시정조치가 될 수 있도록 한다.

5.3 시정조치 요구 사항의 조치

   1) 시정조치요구서를 접수받은 부서장 및 협력업체 대표자는 다음 사항을 고려하여 시정조치계획을 검토하고 시정조치를 한다.

     (1) 부적합 원인 : 관리절차의 문제점 등 실제적인 발생 원인을 분석하여 작성
     (2) 시정사항 : 시정조치 요구사항에 대한 시정할 내용 및 조치일정 계획을 수립하여 작성
     (3) 재발방지 및 관련조치 : 유사한 내용이 재발되지 않도록 적절한 재발방지 대책과 관련 내용에 대한 수평전개 등 추가적인 조치계획을 수립하여 작성

   2) 시정조치 접수부서장 및 협력업체 대표자는 "시정조치요구서(EQ-P-1010-01)"에 해당 사항을 작성하여 요구일자 내에 시정조치 요구부서로 회신한다.

   3) 시정조치 요구부서장은 시정조치 접수부서장 및 협력업체의 회신이 적당한 사유 없이 회신 요구일 기준으로 1주 이상 초과되면 1차 구두로 회신을 요구하고 2주 이상 초과되면 총괄 임원에게 보고 및 시정조치 대책서 회신 지연에 대한 재 시정조치를 요구하여 조속히 시정조치 되도록 한다.

   4) 시정조치 접수부서장 및 협력업체 대표자는 시정조치 대책으로 작성한 내용에 대하여 관련 부서와 협의 등을 통해 계획한 일정 내에 조치를 완료해야 한다.

   5) 조치가 완료된 내용은 시정조치 요구부서로 통보하여야 하고, 만일 대책 요구일자 내에 조치가 어려울 경우에는 시정조치 요구부서와 별도 협의하여 조정한다.

5.4 시정조치 이행 확인평가

   1) 시정조치 발행 부서장은 시정조치 회신 내용을 접수하면 시정조치 요구사항에 대한 조치계획의 적정성을 확인하고 회신 내용 접수 란에 접수일자를 기록한다. 검토 결과 미흡한 사항은 이를 반려하고 내용 보완 또는 재 작성을 요구할 수 있다.

(주)이큐	절차서	문서번호	EQ-P-1010
		제정일	20XX. XX. XX
		개정일	
	사건, 부적합 및 시정조치 관리	개정번호	01
		PAGE	4 / 4

   2) 시정조치의 결과는 조치 결과물의 접수 또는 조치 예정일 기준으로 1주 이내에 현장 확인하여 조치 결과를 확인하고 조치가 완료되었을 경우에는 조치 결과에 대한 유효성 검증의 필요 유, 무를 판단하여 검증 시기와 항목 등을 기록한다.

   3) 시정조치의 확인 결과 미흡할 경우에는 시정조치요구서를 재발행하고 전번의 시정조치요구서 번호는 종결 조치하여 재 발행된 시정조치요구서로 관리한다.

5.5 시정조치 유효성 확인 및 종결처리

   1) 일반 안전보건관리 업무 수행시의 시정조치 사항에 대한 조치 결과의 유효성 검증 필요로 판단한 사항은 계획된 검증시기의 1주 이내에 현장 확인하여 유효성을 확인하고 확인 일자와 확인 결과를 기록한다.

   2) 내부심사 결과 부적합 건은 차기 심사 시 해당 부서 배정 심사원이 유효성을 확인하여 계속 유효 또는 추가 조치 필요사항을 확인하고 기록한다.

   3) 협력업체 정기평가 시 발견된 시정조치 요구 건은 차기 협력업체 정기평가 시를 통하여 확인하고 필요시에는 재 시정조치를 한다.

   4) 시정조치의 종결 처리는 현장 확인 결과 조치가 완료되고 취해진 조치가 효과적임을 보장될때 또는 유효성 평가 결과 계속 유효함이 보장될 때 종결 처리한다.

   5) 시정조치요구서 발행 부서장은 시정조치가 완료되면 "시정조치 요구서"를 안전관리부서장에게 보고하여 최종 승인을 받는다.

   6) 안전관리부서장은 시정조치 완료 건에 대하여 "시정조치 관리대장(EQ-P-1010-02)"에 완료 일자를 기록하고 완료 처리한다.

6. 관련 양식

NO	서식명	서식번호	보존연한	보관부서
1	시정조치 요구서	EQP-1010-01		
2	시정조치 관리대장	EQP-1010-02		

(주)이큐	절차서	문서번호	EQ-P-1020
		제정일	20XX. XX. XX
		개정일	
	지속적 개선 관리	개정번호	01
		PAGE	1 / 4

1. 적용 범위

본 절차서는 조직의 안전보건방침, 안전보건목표, 심사결과, 데이터분석, 시정/예방조치 및 경영검토 등의 활동을 통해 발생된 문제점을 지속적 개선하는 업무절차에 대하여 적용한다.

2. 목적

본 절차서는 지속적 개선활동으로 안전보건 향상과 안전보건경영시스템의 효과성을 지속적으로 높이는데 그 목적이 있다.

3. 용어의 정의

3.1 지속적 개선

안전보건방침, 안전보건목표, 심사 결과, 데이터 분석, 시정조치 및 예방조치, 경영검토의 활용을 통하여 안전보건경영시스템의 효과성을 높이기 위해 지속적으로 개선하는 활동

3.2 과제해결 책임자

개선과제로 등록된 문제점에 대하여 안전관리부서장이 지정하여 과제해결 책임자로 확정된 자로서 개선과제의 개선계획을 수립하고 실행한다.

4. 책임과 권한

4.1 최고경영자
　1) 최고경영자는 안전보건경영시스템의 효과성을 지속적으로 개선해야 할 책임과 권한이 있다.
　2) 개선과제로 등록된 문제점에 대하여 과제해결 책임자를 지정할 권한이 있다.

	절차서	문서번호	EQ-P-1020
(주)이큐		제정일	20XX. XX. XX
		개정일	
	지속적 개선 관리	개정번호	01
		PAGE	2 / 4

4.2 안전관리부서장
안전관리부서장은 안전보건경영시스템의 지속적 개선 책임부서장으로서 데이터 분석을 통해 개선대상을 선정하고 개선 내용을 기록 관리할 책임과 권한이 있다.

4.3 각 부서장
각 부서장은 지속적 개선 대상에 대하여 개선활동 추진계획을 수립하고 개선활동을 추진 및 완료하여 그 결과를 안전관리부서장 및 최고경영자에게 보고할 책임이 있다.

5. 업무절차

5.1 개선과제 선정 대상
  1) 안전보건방침, 안전보건목표에 심각하게 위배되거나 미달된 항목
  2) 내부심사 및 외부감사 결과 발견된 부적합 사항 중 체계적으로 개선해야 할 항목
  3) 시정 및 예방조치 요구사항 중 체계적으로 개선이 필요한 항목이나 유효성 검증결과 미흡한 사항
  4) 경영검토 결과 경영대리인 또는 최고경영자의 개선 지시사항
  5) 프로세스 모니터링 및 측정(성과지표 관리) 결과 심각하게 미달한 항목
  6) 당사 제조공정 및 고객에게 인도된 후 발생된 치명적인 안전보건문제
  7) 기타 경영활동 개선을 위하여 체계적인 개선이 필요하다고 인정되는 사항

5.2 개선과제 선정 및 등록
  1) 안전관리부서장은 "5.1항 개선과제 선정 대상"에서 개선해야 될 사항이 발생되면 개선과제 등록/요청서를 작성한다.
  2) 각 부서장은 "5.1항 개선과제 선정 대상"을 참조하여 개선과제로 등록하여 체계적인 개선활동이 필요하다고 판단하는 사항에 대하여 안전관리부서장에게 개선과제 선정 및 등록을 요청할 수 있다.

(주)이큐	절차서	문서번호	EQ-P-1020
		제정일	20XX. XX. XX
		개정일	
	지속적 개선 관리	개정번호	01
		PAGE	3 / 4

3) 안전관리부서장은 각 부서장이 개선과제 선정을 요청한 사항에 대하여 선정 및 등록 여부를 검토하고 등록이 필요하다고 판단하면 1)항에 따라 처리한다.
4) 안전관리부서장은 각 부서장과 협의하여 선정된 개선과제의 과제 책임자를 지정하고 최고경영자의 승인을 받는다.

5.3 개선실시
1) 개선과제 책임자는 해결 대상 과제에 대하여 전체적인 개선일정 및 추진 계획을 수립하여 "개선추진 계획서(EQP-1020-01)"를 작성하고 안전관리부서장에게 사본을 통보하고 개선 활동을 실시한다.
2) 개선과제 책임자는 개선활동에 자원(참여 인원 및 필요한 자재 등) 필요가 발생하면 안전 관리부서장과 협의하여 최고경영자에게 보고하며 최고경영자는 적극적으로 지원되도록 한다.

5.4 개선 완료보고
1) 개선과제 책임자는 해결 대상 과제에 대하여 개선이 완료되면 그 내용을 보고서로 작성하여 최고경영자에게 보고하고 원본을 안전관리부서장에게 전달한다.
2) 개선과제 책임자는 안전관리부서장 및 최고경영자에게 보고 시 추가 개선지시가 있으면 5.3항에 따라 추가하여 개선활동을 한다.
3) 개선완료 보고서에는 다음 사항을 포함한다.
    (1) 개선과제 등록 개요(과제 명, 등록 번호, 과제책임자 등)
    (2) 개선 추진일정 및 주요 추진사항
    (3) 개선 상태(개선 전 문제점과 비교분석)
    (4) 개선완료 효과(유형, 무형효과)
    (5) 기타(개선사항의 문서개정관리 사항, 향후 대책, 건의사항 등)

(주)이큐	절차서	문서번호	EQ-P-1020
		제정일	20XX. XX. XX
		개정일	
	지속적 개선 관리	개정번호	01
		PAGE	4 / 4

5.5 사후관리

1) 안전관리부서장은 개선 완료 건에 대하여 효과 파악을 실시하고 "개선추진실적 보고서(EQP-1020-02)"에 완료 처리를 기록한다.

2) 안전관리부서장은 개선 결과를 각 부서장에게 통보하고 문서화가 필요한 사항(절차서/지침서의 신규제정 및 개정, 작업표준서/검사기준서의 개정 등)은 각 부서장에게 반영하도록 한다.

3) 안전관리부서장은 우수 개선 건에 대하여 별도 심의하여 최고경영자 승인을 받은 후 포상할 수 있다.

6. 관련 양식

NO	서식명	서식번호	보존연한	보관부서
1	개선추진 계획서	EQP-1020-01		
2	개선추진실적 보고서	EQP-1020-04		

3. ISO 안전보건경영시스템 관련 양식

목 차

01. EQP-0410-01 내부, 외부 이슈 사항파악표
02. EQP-0410-02 이해관계자 파악표
03. EQP-0520-01 업무분장표
04. EQP-0610-01 리스크 및 기회관리 조치계획서
05. EQP-0610-02 SWOT 분석
06. EQP-0620-01 공정분석표(위험성 평가)
07. EQP-0620-02 유해 · 위험요인 분류표
08. EQP-0620-03 위험성 평가표
09. EQP-0620-04 감소대책 수립 및 실행
10. EQP-0630-01 안전보건법규 등록 관리대장
11. EQP-0640-01 안정보건목표 및 세부목표 추진계획/실적서
12. EQP-0640-02 세부목표 변경요청서
13. EQP-0710-01 업무환경 점검표(현장용)
14. EQP-0710-02 업무환경 점검표(사무실용)
15. EQP-0720-01 ( )년 교육훈련 계획서
16. EQP-0720-02 교육결과 보고서
17. EQP-0720-03 개인별 교육/훈련 이력카드
18. EQP-0730-01 의사소통 관리대장
19. EQP-0730-02 회의록
20. EQP-0740-01 문서 제 · 개정 심의서
21. EQP-0740-02 문서 배포 관리대장
22. EQP-0740-03 문서 목록표
23. EQP-0740-04 외부문서 관리대장
24. EQP-0740-05 서버(디스켓) 관리대장
25. EQP-0820-01 ( )년 비상사태 훈련계획서
26. EQP-0820-02 비상사태 훈련보고서
27. EQP-0820-03 비상연락망
28. EQP-0910-01 ( )연간 성과지표 관리대장
29. EQP-0920-01 안전보건점검 측정계획
30. EQP-0920-02 계측장비 관리대장
31. EQP-0920-03 계측장비 이력카드
32. EQP-0930-01 ( )연간 내부심사계획서
33. EQP-0930-02 내부심사 실시계획 통보서
34. EQP-0930-03 내부심사 체크리스트
35. EQP-0930-04 내부심사 결과보고서
36. EQP-0930-05 자격인증 평가표
37. EQP-0930-06 자격인증서
38. EQP-0930-07 자격인증 관리대장
39. EQP-0940-01 경영검토 보고서
40. EQP-1010-01 시정조치요구서
41. EQP-1010-02 시정조치 관리대장
42. EQP-1010-04 개선추진계획서
43. EQP-1020-01 개선추진 실적보고서

1. EQP-0410-01 내부, 외부 이슈사항 파악표

주식회사 이큐	내부, 외부 이슈사항 파악표	작성	검토	승인
		/	/	/

항목	세목	이슈사항	당사현황	기회적요소	위협적요소	관리번호	비고

EQP-0410-01　　　주식회사 이큐　　　A4(210X297)

2. EQP-0410-02 이해관계자 파악표

주식회사 이큐	이해관계자 파악표	작성	검토	승인
		/	/	/

부서명		작성자		작성일자	

이해관계자		이해관계자 요구사항	준수 의무사항
구분	조직명		

EQP-0410-02 　　　주식회사 이큐　　　A4(210X297)

3. EQP-0520-01 업무분장표

주식회사 이큐	업무분장표	작성	검토	승인
		/	/	/

부서명		시행일자		작성자	

직무	성명	업무내용
대표이사	○○○	○ 안전보건방침의 설정, 안전보건목표 및 추진계획 등 시스템 업무 전반에 대한 승인 ○ 안전보건경영 체제의 이행 및 유지에 대한 승인 ○ 안전보건경영 체제의 이행과 관리에 필요한 수단 및 적절한 자원의 제공 ○ 경영자 검토의 수행 등

안전보건
관리부서장
	○○○	○ 안전보건목표 및 추진계획의 최종검토
		○ 경영자 검토 실시의 주관
		○ 내부심사의 실시 주관
		○ 안전보건경영 매뉴얼의 검토
		○ 안전보건방침 및 안전보건목표의 작성 검토
		○ 안전보건경영 세부 추진계획의 수립/실적분석 확인
		○ 안전보건 관련 대관청 업무의 주관
		○ 위험성 평가 교육 및 위험성 평가서 확인
		○ 안전보건성과 측정 및 평가 확인
		○ 산업안전보건법상의 의무
		  (1) 산업재해예방계획의 수립에 관한 사항
		  (2) 제25조의 규정에 의한 안전보건관리규정의 작성 및 그 변경에 관한 사항
		  (3) 제31조의 규정에 의한 근로자의 안전, 보건교육에 관한 사항
		  (4) 제42조의 규정에 의한 작업환경의 측정 등 작업환경의 점검 및 개선에 관한 사항
		  (5) 제43조의 규정에 의한 근로자의 건강진단 등 건강관리에 관한 사항
		  (6) 산업재해의 원인조사 및 재발방지 대책의 수립에 관한 사항
		  (7) 산업재해에 관한 통계의 기록, 유지에 관한 사항
		  (8) 안전, 보건에 관련되는 안전장치 및 보호구 구입 시의 적격품 여부 확인에 관한 사항
		  (9) 안전보건 규칙에서 정하는 근로자의 위험 또는 건강장해의 방지에 관한 사항

직무	성명	업무내용
안전보건 관리자	OOO	o 안전보건 관련 내, 외부 이해관계자와의 의사소통 주관 및 관련 정보 수집 o 안전보건법규 및 기타의 입수/검토 및 관리 o 연간 안전 활동 계획의 작성 o 안전보건 관련 교육계획의 수립/실시 o 위험성 평가계획의 수립 및 관리부서장에게 위험성 평가방법 교육 o 산업안전보건법 제16조3에 따른 업무
안전보건 담당자	OOO	o 안전보건경영체제의 이행 및 안전보건방침, 목표 및 세부목표 달성 o 안전보건방침을 달성하기 위한 방법과 자원의 제공 o 안전보건방침 목표 및 세부목표에 대한 부서원들의 교육 실시 o 해당 부서의 발생되는 각종 안전사고 기록의 유지 o 해당 부서의 안전보건성과의 측정 및 평가 o 해당 부서의 위험성 평가의 실시 o 안전보건 활동 추진계획에 따른 추진실적의 보고 o 기타 안전보건 유지상 필요한 사항

		o 사업장내 관련되는기계 또는 설비의 안전, 보건점검 및 이상 유무의 확인
		o 소속된 근로자의 작업복, 보호구 및 방호장치의 점검과 그 착용 사용에 관한 교육, 지도
		o 발생한 산업재해에 관한 보고 및 이에 대한 응급조치
		o 당해 작업의 작업장의 정리정돈 및 통로 확보의 확인, 감독
		o 당해 사업장의 산업보건의, 안전보건담당자 및 보건관리자의 지도, 조언에 대한 협조
		o 위험방지가 특히 필요한 작업 수행시 안전, 보건에 관한 업무
		  (1) 유해 또는 위험한 작업에 근로자를 사용할 때 실시하는 특별교육 중 안전에 관한 교육
		  (2) 당해 작업의 성격상 유해 또는 위험을 방지하기 위한 업무
		  (3) 위험성 평가를 위한 업무에 기인하는 유해·위험요인의 파악 및 그 결과에 따른 개선조치의 시행

4. EQP-0610-01 리스크 및 기회관리 조치계획서

주식회사 이큐	리스크 및 기회관리 조치계획서	작성	검토	승인
		/	/	/

부서명		시행일자		작성자	

구분	주요 내용	조치 항목	추진일정	추진담당	비고
리스크					
기획					

EQP-0610-01   주식회사 이큐   A4(210X297)

5. EQP-0610-02 SWOT 분석

주식회사 이큐	SWOT 분석표	작성	검토	승인
		/	/	/

내부 환경 외부 환경	강점(Strengths)	약점(Weakne00es)
기회(Opportunities)	SO 전략	WO 전략
위협(Threats)	ST 전략	WT 전략

EQP-0610-02　　　　　　주식회사 이큐　　　　　　A4(210X297)

6. EQP-0620-01 공정분석표(위험성 평가)

주식회사 이큐	공정분석표(위험성 평가)	작성	검토	승인
		/	/	/

공정분석표			
사업장명		제조명	
공정분석			
NO.	공정명	공정설명	설비	물질
1				
2				
3				
4				
5				

EQP-0620-01   주식회사 이큐   A4(210X297)

7. EQP-0620-02 유해 위험요인 분류표

주식회사 이큐	유해 · 위험요인 분류표	작성	검토	승인
		/	/	/

유해 · 위험요인 분류			
	제조명		공정명
1	기계(설비)적 요인	☐ 1. 끼임 ☐ 3. 기계(설비)의 낙하, 비래, 전복, 붕괴, 전도 위험부문 ☐ 5. 넘어짐(미끄러짐, 헛디딤)		☐ 2. 위험한 표면(절단/베임/긁힘) ☐ 4. 충돌위험부문 ☐ 6. 추락위험 부문
2	전기적 요인	☐ 1. 감전(안전전압초과) ☐ 3. 정전기		☐ 2. 아크 ☐ 4. 화재/폭발위험
3	화학(물질)적 요인	☐ 1. 가스 ☐ 4. 액체 미스트 ☐ 7. 방사선	☐ 2. 증기 ☐ 5. 고체(분진) ☐ 8. 화재/폭발위험	☐ 3. 에어로 졸 · 흄 ☐ 6. 반응성물질 ☐ 9. 복사열/폭발 과압
4	생물학적 요인	☐ 1. 병원성 미생물 바이러스 감염 ☐ 3. 알러지 및 미생물	☐ 2. 유전자변형물질 ☐ 4. 동물	☐ 5.식물
5	작업특성 요인	☐ 1. 소음 ☐ 4. 근로자실수(휴먼에러) ☐ 7. 중량물 취급작업 ☐ 10. 작업(조작)도구	☐ 2. 초음파 저주파 음 ☐ 5. 저압 또는 고압상태 ☐ 8. 반복작업	☐ 3. 진동 ☐ 6.질식위험/산소결핍 ☐ 9. 불안정한 작업자세
6	작업환경 요인	☐ 1. 기후/고온/한랭 ☐ 4. 주변근로자 ☐ 7. 화상	☐ 2. 조명 ☐ 5. 작업시간 ☐ 8. 작업(조작&도구)	☐ 3. 공간 및 이동경로 ☐ 6. 조직안전문화
	위험요인			

EQP-0620-02   주식회사 이큐   A4(210X297)

8. EQP-0620-03 위험성 평가표

주식회사 이큐	위험성 평가표	작성	검토	승인
		/	/	/

\	위험성 평가							
제조명			공정명					
구분	유해위험파악			현재조치사항	위험도 산정			감소대책
	분류	원인	유해위험요인		가능성(빈도)	중대성	위험성	
1								
2								
3								
4								
5								

EQP-0620-03   주식회사 이큐   A4(210X297)

9. EQP-0620-04 감소대책 수립 및 실행

주식회사 이큐	감소대책 수립 및 실행	작성	검토	승인
		/	/	/

감소대책 수립 및 실행

구분	위해요인파악			현재위험성	감소대책	개선후위험성	담당자	조치요구일	조치완료일	완료확인
	분류	원인	위험성설명		세부내용					
1										
2										
3										
4										
5										
6										

EQP-0620-04 　　주식회사 이큐　　A4(210X297)

10. EQP-0630-01 안전보건법규 등록 관리대장

주식회사 이큐	안전보건법규 등록 관리대장	작성	검토	승인
		/	/	/

번호	등록일	법규명	관련기관	최종 개정일	비고
1					
2					
3					
4					
5					
6					
7					
8					
9					
10					
11					
12					
13					
14					
15					

EQP-0630-01　　　주식회사 이큐　　　A4(210X297)

11. EQP-0640-01 안전보건목표 및 세부목표 추진계획/실적서

주식회사 이큐	안전보건목표 및 세부목표 추진계획/실적서	작성	검토	승인
		/	/	/

작성일		부서명	
페이지		작성자	

목표	세부목표 (기간)	목표달성방법	추진일정					담당 부서	실행 결과	비고
			년도	1/4	2/4	3/4	4/4			

EQP-0640-01　　　　　주식회사 이큐　　　　　A4(210X297)

12. EQP-0640-02 세부목표 변경요청서

주식회사 이큐	세부목표 변경요청서	작 성	검 토	승 인
		/	/	/

작성일자 :

작 성 자		작성부서	

요 청 부 서	변경내용
	변경사유

검 토 부 서	검토의견
	검토자 : /

승 인 자 :   /

EQP-0640-02 　　　　　　　주식회사 이큐　　　　　　　A4(210X297)

13. EQP-0710-01 업무환경 점검표(현장용)

주식회사 이큐	업무환경 점검표 (현장용)	작성	검토	승인
		/	/	/

평가일자 :   년   월   일

구분	번호	평 가 내 용	평가자 (인)	평가자 (인)	평가자 (인)	평균
정리	1	불필요한 걸레, 장갑 등이 바르게 수집되어 있는가?				
	2	불필요한 치구, 공구, 부품이 바르게 수집되어 있는가?				
	3	설비 본체에 불용품, 사물 등이 놓여있는 않는가?				
	4	설비 주변에 불용품, 사물 등이 놓여있지 않는가?				
	5	폐기물, 불용품 등을 일정한 곳에 모아두고 있는가?				
정돈	6	통로, 물건 놓는 곳이 정확히 표시되어 있는가?				
	7	무게순으로 밑에서부터 차례로 쌓여져 있는가?				
	8	통로에 물건이 놓여있지 않은가?				
	9	두는 곳이 구분되어 있고 그곳에 바르게 놓여 있는가?				
	10	소화기 앞에 물건이 놓여있지 않는가?				
청소	11	바닥이 기름, 이물질, 물 등으로 더럽혀져 있지 않은가?				
	12	통로에 부품, 치·공구, 쓰레기 등이 떨어져 있지 않은가?				
	13	설비 본체의 구석구석까지 청소되어 있는가?				
	14	화장실, 금연장소 주변이 깨끗하게 청소되어 있는가?				
	15	청소도구는 필요한 것이 갖추어져 있는가?				
청결	16	기계가 깨끗하게 닦여져 있는가?				
	17	복장이 흐트러져 있지 않은가?				
	18	먼지, 분진, 공기오염, 냄새나는 곳은 없는가?				
	19	담배는 정해진 곳에서 피우고 있는가?				
	20	유휴설비 기일, 책임자명을 표시하고 있는가?				
습관화	21	정해진 규칙은 지키고 있는가?				
	22	보호구는 정해진 것을 바르게 착용하고 있는가?				
	23	작업복은 바르게, 단추는 정확히 채워져 있는가?				
	24	안전화, 신발은 규정된 것을 신고 있는가?				
	25	정확히, 바르게 복장을 하고 있는가?				
계		25개 평가(만점 100점)				

※ 특기사항

※ 평가점수

범례	4점	상당히 좋음
	3점	보 통
	2점	미 흡
	1점	전 혀 안 됨

EQP-0710-01   주식회사 이큐   A4(210X297)

14. EQP-0710-02 업무환경 점검표(사무실용)

주식회사 이큐	업무환경 점검표 (사무실용)	작성	검토	승인
		/	/	/

평가일자 :   년   월   일

구분	번호	평가 내용	평가자 (인)	평가자 (인)	평가자 (인)	평균
정리	1	서류, 도면, 자료 등이 바르게 보관되어 있는가?				
	2	개인 책상에 불필요한 비품, 자료 등이 있는가?				
	3	서류함 내에 불필요한 자료는 있는가?				
	4	폐기물, 불용품을 일정한 곳에 모아두고 있는가?				
	5	서류의 처리기준이 정해져 있는가?				
정돈	6	서류함과 비품의 표시는 한눈에 알 수 있는가?				
	7	통로와 물건 놓는 곳이 정확하게 표시되어 있는가?				
	8	두는 곳이 구분되어 있고 그곳에 바르게 놓여있는가?				
	9	서류와 비품은 정해진 장소에 보관되어 있는가?				
	10	게시판, 표어 등이 제대로 부착되어 있는가?				
청소	11	바닥이 기름, 이물질, 물 등으로 더렵혀져 있지 않은가?				
	12	통로에 쓰레기 등이 떨어져 있지 않은가?				
	13	청소분담 및 습관화가 되어 있는가?				
	14	책상, 창문 등이 구석구석 청소되어 있는가?				
	15	청소도구는 필요한 것이 갖추어져 있는가?				
청결	16	사무실에 들어왔을 때 상쾌한 느낌은 있는가?				
	17	복장이 흐트러져 있지 않은가?				
	18	먼지, 분진, 공기오염, 냄새나는 곳은 없는가?				
	19	담배는 정해진 곳에서 피우고 있는가?				
	20	유휴설비 기일, 책임자명을 표시하고 있는가?				
습관	21	쓸고 닦는 청소의 습관화가 되어 있는가?				
	22	모범적인 태도와 능동적인 자세로 업무에 임하고 있는가?				
	23	시간에 대한 정해진 규정을 지키고 있는가(근태/회의/휴식)?				
	24	조직내 룰과 규칙을 잘 지키고 있는가?				
	25	상호 간 인사 및 의사소통은 바르고 기분좋게 하고 있는가?				
계		25개 평가(만점 100점)				

※ 특기사항

※ 평가점수

범례	4점	상당히 좋음
	3점	보 통
	2점	미 흡
	1점	전 혀 안 됨

15. EQP-0720-01 ( )년 교육/훈련계획서

주식회사 이큐	( )년 교육/훈련 계획서	작성	검토	승인
		/	/	/

부서명		작성일자		작성자	

NO	교육대상	교육과정명	교육시간	교육월	교육기관(장소)	비고

EQP-0720-01 　　　　주식회사 이큐　　　　A4(210X297)

16. EQP-0720-02 교육결과 보고서

주식회사 이큐	교육결과 보고서	작성	검토	승인
		/	/	/

교육명					
실시일자		시간		장소	
교육기관				강사	

교육내용	교육참가자

유효성 평가

EQP-0720-02　　　　　주식회사 이큐　　　　　A4(210X297)

17. EQP-0720-03 개인별 교육/훈련 이력카드

주식회사 이큐	개인별 교육/훈련 이력카드	관리부서	
		PAGE	

소 속		성 명		직 급	
교육명	교육기간	교육장소	교육비용	비고	

EQP-0720-03　　　　주식회사 이큐　　　　A4(210X297)

18. EQP-0730-01 의사소통 관리대장

주식회사 이큐	의사소통 관리대장	관리부서	
		PAGE	

부서명 :

순번	외부기관/이해관계자	접 수		조 치		비고
		접수일	접수내용	회신일	조치내용	

EQP-0730-01 　　　　　주식회사 이큐　　　　　A4(210X297)

19. EQP-0730-02 회의록

주식회사 이큐	회의록	작성	검토	승인
		/	/	/

문서번호		참석자	부서명	직위	성명	서명
제목						
주관부서						
회의일시						
회의장소						

회의내용

EQP-0730-02   주식회사 이큐   A4(210X297)

20. EQP-0740-01 문서 제 · 개정 심의서

| 주식회사 이큐 | 문서 제 · 개정 심의서 | 관리부서 | |
| | | PAGE | |

심의번호 :

제목	
신청부서	• 부서명 :　　　　　　　• 부서장 :　　　　　　　• 신청일자 :
문서명 (문서번호)	
신청내용 및 사유	
심의	심의자 - 부서명 / 심의일자 / / / / / • 관련 부서 의견(별도 의견)이 있는 경우에 기재바랍니다.
승인	검토　　　　　　　　　　｜　　　　　　승인 • 검토자 :　　　　(인)　｜　• 승인자 :　　　　(인) • 일 자 :　　　　　　　｜　• 일 자 :　　　　(인)
시행	• 승인자 지시사항(지시사항이 있는 경우) • 시행일자 :

EQP-0740-01　　　　　주식회사 이큐　　　　　A4(210X297)

21. EQP-0740-02 문서배포 관리대장

주식회사 이큐	문서배포 관리대장	관리부서	
		PAGE	

문서명	관리번호	배포일	배포처	비고

EQP-0740-02 　　주식회사 이큐　　 A4(210X297)

22. EQP-0740-03 문서 목록표

주식회사 이큐	문서 목록표	관리부서	
		PAGE	

부서 :

NO	파일번호	파일명	비고

EQP-0740-03 　　　　　주식회사 이큐　　　　　A4(210X297)

23. EQP-0740-04 외부문서 관리대장

주식회사 이큐	외부문서 관리대장	관리부서	
		PAGE	

NO	문서번호	문서명	발행처	재·개정내역	비 고 (점검 결과)

EQP-0740-04　　　주식회사 이큐　　　A4(210X297)

24. EQP-0740-05 서버(디스켓) 관리대장

주식회사 이큐	서버(디스켓) 관리대장	관리부서	
		PAGE	

부서명 :

관리번호	위 치	제 목	담장자	비 고

EQP-0740-05　　　　　　　　　주식회사 이큐　　　　　　　　　A4(210X297)

25. EQP-0820-01 ( )년 비상사태 훈련계획서

주식회사 이큐	( )년 비상사태 훈련계획서	작성	검토	승인
		/	/	/

작성일자		작성부서		작성자	

NO	훈련내용(비상사태 내용)	훈련대상	훈련시간	훈련일자	훈련장소	비고

EQP-0820-01 주식회사 이큐 A4(210X297)

26. EQP-0820-02 비상사태 훈련보고서

주식회사 이큐	비상사태 훈련보고서	관리부서	
		PAGE	

제목	
최초사고접수	
연락	
상황진행 및 종결	
평가	
보완사항	
작성자 / 일자	
비고	

EQP-0820-02　　　　　주식회사 이큐　　　　　A4(210X297)

27. EQP-0820-03 비상연락망

주식회사 이큐	비상연락망	관리부서	
		PAGE	

직 책	성 명	지역번호	전화번호	이동통신

EQP-0820-03 　　주식회사 이큐　　A4(210X297)

28. EQP-0910-01 ( )연간 성과지표 관리대장

주식회사 이큐	( )연간 성과지표 관리대장															관리부서	
																PAGE	
순번	성과지표 항목	측정 주기	주관 부서	목표 (계획)	추진실적												
					1	2	3	4	5	6	7	8	9	10	11	12	종합

EQP-0901-01　　　　주식회사 이큐　　　　A4(210X297)

29. EQP-0920-01 안전보건점검 및 측정계획

주식회사 이큐	안전보건점검 및 측정계획	관리부서	
		PAGE	

부서명 : 전 부서

분야	대상	방법	비고
안전보건경영 시스템			
법규제사항 준수 (운영관리 절차)			
자주적인 환경대책 (에너지 및 자원절약 /측정)			

EQP-0920-01   주식회사 이큐   A4(210X297)

30. EQP-0920-02 계측장비 관리대장

주식회사 이큐	계측장비 관리대장	관리부서	
		PAGE	

NO	관리번호	계측기명	규 격 (제작번호)	사용부서	검교정 관리			비고
					교정	점검	주기	

EQP-0920-02   주식회사 이큐   A4(210X297)

31. EQP-0920-03 계측장비 이력카드

주식회사 이큐	계측장비 이력카드	관리부서	
		PAGE	

관리번호		용 도		장비명	
규 격		제작사		제작번호	
구입처		구입일자		구입가격	
부속품					

검교정 및 수리 이력

순번	검교정 일자	검교정 기관	차기교정예정일	수리이력 및 특기사항	확인

EQP-0920-03   주식회사 이큐   A4(210X297)

32. EQP-0930-01 ( )연도 내부심사 계획서

주식회사 이큐	( )연도 내부심사 계획서	작성	검토	승인
		/	/	/

작성일자 :

감사구분	대상부서	1월	2월	3월	4월	5월	6월	7월	8월	9월	10월	11월	12월	비고
☐ 정기 ☐ 특별														
☐ 정기 ☐ 특별														
☐ 정기 ☐ 특별														
☐ 정기 ☐ 특별														
☐ 정기 ☐ 특별														
☐ 정기 ☐ 특별														
☐ 정기 ☐ 특별														
☐ 정기 ☐ 특별														
☐ 정기 ☐ 특별														
☐ 정기 ☐ 특별														
☐ 정기 ☐ 특별														
☐ 정기 ☐ 특별														
☐ 정기 ☐ 특별														

EQP-0930-01　　　　　주식회사 이큐　　　　　A4(210X297)

33. EQP-0930-02 내부심사 실시계획 통보서

주식회사 이큐	내부심사 실시계획 통보서	작성	검토	승인
		/	/	/

작성일자 :

심사구분	☐ 정기심사　　　　☐ 특별심사				
심사목적 및 범위	가. 목 적 :				
	나. 범 위 :				
부서별 심사부서 구성	구 분				
	심사일자				
	심사팀장				
	심사원				
	* 내부심사원 양성과정 교육 이수자 중심으로 감사부서 구성				
심사일정 및 심사항목					
특기사항					
붙임					

EQP-0930-02　　　　주식회사 이큐　　　　A4(210X297)

34. EQP-0930-03 내부심사 체크리스트

주식회사 이큐	**내부심사 체크리스트**	결재	심사원	심사부서장
			/	/

심사부서 :   작성일자 :

문서번호 (절차서번호)	점검항목	관련기록	특기사항

EQP-0930-03   주식회사 이큐   A4(210X297)

35. EQP-0930-04 내부심사 결과보고서

주식회사 이큐	내부심사 결과 보고서	작 성	검 토	승 인
		/	/	/

심사기간 :	작성일자 :

심사구분	☐ 정기심사　　　　☐ 특별심사		
심사목적 및 범위	가. 목 적 :		
	나. 범 위 :		
심사대상 부서 및 장소			
심사부서 구성			
심사 일정			
주요 심사내용			
심사 결과			
특기사항			

EQP-0930-04　　　　　　주식회사 이큐　　　　　　A4(210X297)

36. EQP-0930-05 자격인증 평가표

주식회사 이큐	**자격인증 평가표**	작 성	검 토	승 인
		/	/	/

자격인증 종목	☐검사원 ■내부심사원 ☐특수작업자 ☐설계자		
신청대상자	소속	직위	대표
	성명	기타	

자격구분		자격인증기준	검토결과
검사원	학력		
	경력		
내부심사원	학력		
	경력		
특수작업자 (용접)	학력		
	경력		
설계자	학력		
	경력		

특기사항 :

위사람은 자격인증 기준에 따라 평가 결과 자격 인증 기준에(■적합, ☐부적합) 합니다.

년 월 일

평가자 : (소속)   (성명)   (인)

EQP-0930-05   주식회사 이큐   A4(210X297)

37. EQP-0930-06 자격인증서

주식회사 이큐	자격인증서	관리부서	
		PAGE	

해당부문		관리번호	
성 명		최종학력	

자격사항

1. 해당 자격요건

2. 근무경력

구 분	근무부서	근속기간
당 사		
타기관		

3. 교육이수사항

교육명	교육기간	교육시행기관

4. 자격, 면허

종류 및 등급	취득일자	발급기관

작 성	작성일자 : 년 월 일 작성자 : (인)	검토 및 승인	작성일자 : 년 월 일 작성자 : (인)

EQP-0930-06 　　　　주식회사 이큐　　　　A4(210X297)

38. EQP-0930-07 자격인증 관리대장

주식회사 이큐	자격인증 관리대장	관리부서	
		PAGE	

NO.	소속 및 성명	자격승인일	자격인증종목	인증번호	유효기간	비고
1						
2						
3						
4						
5						
6						
7						
8						
9						
10						
11						
12						
13						
14						
15						
16						
17						
18						
19						
20						

EQP-0930-07 　　　　주식회사 이큐 　　　　A4(210X297)

39. EQP-0940-01 경영검토 보고서

주식회사 이큐	경영검토 보고서	작성	검토	승인
		/	/	/

검토일자 :   PAGE   (1/2)

검토항목		입력사항 (보고 요약)	비고(첨부)
이전 경영검토에 따른 조치의 상태			
안전보건 경영시스템 변경사항	외부 및 내부 이슈의 변경사항		
	이해관계자 요구사항 기대의 변경		
	중대한 환경측면 변경사항		
	리스크와 기회의 변경사항		
안전보건 경영시스템의 성과 및 효과성	고객만족 이해관계자 피드백		
	안전보건목표 달성 정도		
	부적합 및 시정조치		
	모니터링 및 측정결과		
	심사결과 (내부, 고객, 인증기관)		
	외부협력업체의 성과		
자원의 충족성			
리스크와 기회를 다루기 위하여 취해진 조치의 효과성			
개선기회			

EQP-0940-01   주식회사 이큐   A4(210X297)

PAGE   (2/2)

출 력 항 목		출력사항(결정사항)
경영검토 출력사항 (결정 및 조치사항)	개선기회	
	안전보건경영시스템 변경에 대한 필요성	
	자원의 필요성	
	안전보건 목표 미달성 조치사항	
	기타 조직의 전략적 방향 및 대표 지시사항	
	최종결론 : 안전보건경영시스템의 적절성, 충족성, 효과성, 정렬성 평가 ☐ 만 족 : ☐ 불만족 :	

EQP-0904-01　　　　　　　　　　주식회사 이큐　　　　　　　　　　A4(210X297)

40. EQP-1010-01 시정조치 요구서

주식회사 이큐	시정조치 요구서	관리부서	
		PAGE	

요구서번호		발행일자	
처리부서		조치요구일자	

제목		(발행근거 :)

부적합 사항 (시정조치 요구사항)

	발행		
결재	작성	검토	승인
	/	/	/

☐ 첨 부 :

시정조치 결과

1. 부적합 원인

2. 시정내용

3. 재발방지 대책

조치자 : 부서   직책   성명   ☐ 첨 부 :
조치일자 :

조치결과 확인

확인자 : 부서   직책   성명   ☐ 적 합   ☐ 부적합
확인일자 :

유효성 결과

☐ 확인일자 :
☐ 대상기간 :   .   .   -   .   .
☐ 첨 부 :

	확인(승인)		
결재	작성	검토	승인
	/	/	/

EQP-1010-01   주식회사 이큐   A4(210X297)

41. EQP-1010-02 시정조치 관리대장

주식회사 이큐	시정조치 관리대장	관리부서	
		PAGE	

발행번호	발행일자	제 목	시정조치 요구사항(요약)	완료 요구일	완료일	조치부서	효과성 검증일

EQP-1010-02　　　　　주식회사 이큐　　　　　A4(210X297)

42. EQP-1020-01 개선 추진 계획서

주식회사 이큐	개선 추진 계획서	작성	검토	승인
		/	/	/

요구서번호		발행일자	
처리부서		조치요구일자	

단계	일정 항목	( )년												담당자	비고
		1월	2월	3월	4월	5월	6월	7월	8월	9월	10월	11월	12월		
계획	현상파악														
	원인분석														
	목표설정														
실시	대책수립														
	대책실시														
확인	효과파악														
조치	표준화														
	사후관리														
피드백	반성														
	향후계획														

현상파악	원인분석

- 세부 실천 계획

NO	실천항목	요구투자비	담당자	예정일	완료일	비고
1						
2						
3						
4						
5						

EQP-1020-01　　　주식회사 이큐　　　A4(210X297)

43. EQP-1020-01 개선 추진 실적 보고서

주식회사 이큐	개선 추진 실적 보고서	작성	검토	승인
		/	/	/

개선대상		활동기간	
개선항목		작성자	

문제점	개선내용	효과내용

개선 전	개선 후

절감금액	

EQP-1020-01　　　　주식회사 이큐　　　　A4(210X297)

[참고] ISO 경영시스템 인증 프로세스

해당 프로세스	추진담당	프로세스 설명	비고
경영시스템 구축 기획 ↓	TFT	1. 해당 조직의 핵심 프로세스 및 절차서, 지침서 등을 결정(핵심 프로세스는 KPI를 결정) 2. 추진 계획수립 : 해당 부서별 업무 분장(추진기간, 소요예산 포함) 3. 필요시 컨설팅/자문기관 선정	ISO 표준 TFT 업무 분장표 공정도
요건 및 실무조건 ↓	TFT Leader	1. 전체 직원/핵심 인원에 대한 교육 : 품질경영시스템 구축에 대한 선언적 개념/표준에 대한 교육 - ISO 요구사항, 경영시스템의 필요성, 내부 심사원 과정 등	교육계획서, 교육일지/ 수료증
추진 세부계획 수립 ↓	해당부서장/TFT	추진세부계획 및 일정수립 및 담당 결정/업무분담 - 조직의 규모에 따라 문서화의 정도가 달라질 수 있음	세부계획서
추진실무 ↓	해당부서	문서화-Manual, Process, 절차서(Procedure), 지침서/수칙 및 표준류/기준서, 기록 등 - 매뉴얼 : 문서목록, 프로세스 맵, 비즈니스 맵, 인증범위, 조직도, ISO 요구사항 - 프로세스 : 핵심문서로 성과지표를 결정(6~12개 정도가 일반적임) - 절차서 : 해당 프로세스에 속하여 각 프로세스 당 1~4개가 될 수 있으며 더 많은 절차서도 가능하다. - 지침서 : 조직의 필요에 따라 정해지는 하위문서 - 표준류/기준서 - 기록물 : 경영시스템에서 요구되는 증거물	매뉴얼, 프로세스, 절차서, 지침서, 표준류/기준서 양식파일
내부심사 실시 ↓	내부심사원	업무가 프로세스나 절차서에 규정된 대로 진행되는지 여부를 점검하고 시정조치를 실시하는 행위	내부심사원 적격성 평가, 내부심사 계획서 내부심사보고서
경영검토 실시 ↓	해당부서장	회사의 경영을 위한 계획, 성과 등을 평가	경영검토 입출력 사항 등
심사신청/ 심사	추진부서	이큐인증원(주)에 인증심사를 신청하여 평가를 받음 (www.eqcert.co.kr / eqcertiso@gmail.com)	인증서

참고문헌

ISO 45001: 2018 안전보건경영시스템 요구사항

<Web Site>
www.iso.org

저자소개

송형록

현) 이큐인증원(주)대표이사(ISO 경영시스템 인증기관 : KAB 인정)
현) DWC아카데미 대표(ISO심사원 양성교육기관 : Exemplar Global 인정)
현) ISO 국제심사원(9001/14001/27001/27701/45001/22000/37001/13485/22301)
현) 디스플레이웍스(주) 대표이사
전) 경희사이버대학교 겸임교수
전) 경민대학교 강사

> ISO 인증기관 : 이큐인증원(주)
> E-mail : eqcertiso@gmail.com
> 홈페이지 : www.eqcert.co.kr

김상일

현) 주식회사 젠젠에이아이 COO/CISO
현) 이큐인증원 ISO 선임심사원
현) ISO 국제심사원(9001/14001/45001/27001/22301/37001)
세종대 경영학 박사(Business Analysis, BlockChain, 암호화폐)
E-mail : gabriel0221@gmail.com

서재석

세종대 경영학 박사(Business Analysis 전공)
현) ISO 국제심사원(9001/14001/45001/27001/27701/22301)
E-mail : sjs6603@hanmail.net

조아영

고려대 환경공학 석사
현) 주식회사 스트라드비젼
현) ISO 국제심사원(9001/14001/45001/27001/27701)
E-mail : ayeongjo@gmail.com

중대재해 대비 중소기업 ISO 경영시스템 담당자를 위한
안전보건경영시스템 길라잡이

ISO 45001 안전보건경영시스템 구축 실무 GUIDE

1판 1쇄 발행 2023년 7월 20일
1판 2쇄 발행 2025년 1월 10일

저자 송형록 · 김상일 · 서재석 · 조아영

발행인 이 병 덕

디자인 이 은 경

발행처 도서출판 정일
등록날짜 1989년 8월 25일
등록번호 제3-261호

주소 경기도 파주시 가람로 70 상가 106호

전화 031) 946-9152(대)
E-mail jungilb@naver.com

※ 이 책의 어느 부분도 발행인의 승인 없이 일부 또는 전부를 무단복제시
저작권법 제 98조에 의거 3년 이하의 징역이나 3,000만원 이하의 벌금에 처합니다.